Bau und Betrieb chemischer Fabriken

Erfahrungen und Erinnerungen

Von

Dr. Otto Auspitzer

Wien

Mit 8 Textabbildungen

Springer-Verlag Wien GmbH

1950

ISBN 978-3-662-24511-8   ISBN 978-3-662-26655-7 (eBook)
DOI 10.1007/978-3-662-26655-7

Vorwort.

Das vorliegende Buch will kein Lehrbuch sein, wenigstens nicht im herkömmlichen Sinne dieses Begriffes. Für den Anfänger ist es nur in Verbindung mit den bekannten Lehr- und Handbüchern des industriellen Bau- und Maschinenwesens brauchbar. In erster Linie ist es für den bereits in der Praxis stehenden Chemiker bestimmt. Es verzichtet darum auch auf eine eingehende Beschreibung der einzelnen in der chemischen Industrie üblichen Maschinentypen, die als bekannt vorausgesetzt werden. Aus diesem Grunde wurde auch die Zahl der Abbildungen auf jene Fälle eingeschränkt, wo das Fehlen von Zeichnungen eine weitläufige Beschreibung notwendig gemacht hätte. Hingegen wurde Wert darauf gelegt, auch organisatorische, fallweise auch kaufmännische Fragen zu besprechen, überhaupt die gesamten Erfahrungen, die der Verfasser in vierzigjähriger Tätigkeit als Betriebsleiter und als technischer Direktor mittlerer und größerer chemischer Fabriken gesammelt hat, den Fachkollegen nicht vorzuenthalten. Manches wird vielleicht auf Widerspruch stoßen. Dies wäre nur zu vermeiden gewesen, wenn der Verfasser sich, auf eigene Ansichten verzichtend, auf eine Sammlung von Gemeinplätzen beschränkt hätte. Aber dieses Buch ist nicht aus der reichlichen Fachliteratur kompiliert, sondern erlebt. Eine chemische Fabrik wird ja stets in Bau, Einrichtung und Organisation den Stempel ihres Schöpfers tragen. Universalrezepte gibt es nicht, und je nach den Ansichten und den Erfahrungen des Leiters und nach den zur Verfügung stehenden Mitteln wird auch innerhalb des gleichen Fachzweiges jedes Werk anders aussehen. Wäre dem anders, so wäre die Einrichtung und Leitung eines Betriebes eine sehr bequeme, aber auch höchst langweilige Sache. Mögen sich also kritische Leser vor Augen halten, daß ich in jeder Einzelheit bemüht bin, zu zeigen, was sich bewährt hat, aber auch jede andere Lösung anerkenne, die sich als erfolgreich erwiesen hat.

Zum Schlusse möchte ich noch meiner vielen langjährigen Mitarbeiter und Helfer, insbesondere aus den Oderberger Chemischen Werken, gedenken. Ihre Zahl ist zu groß, als daß sie namentlich angeführt werden könnten; aber jeder einzelne hat für seinen Teil an diesem Buch mitgearbeitet.

Herr Professor Dr. C h w a l a hatte die Liebenswürdigkeit, das Manuskript dieses Buches vor der Drucklegung durchzusehen und mich auf einige sinnstörende Flüchtigkeiten aufmerksam zu machen. Ich habe die betreffenden Stellen gerne richtiggestellt.

Ich benütze gerne die Gelegenheit, um Herrn Professor Dr. C h w a l a auch an dieser Stelle nochmals meinen Dank auszusprechen.

W i e n, im April 1950.

O. Auspitzer.

Inhaltsverzeichnis.

Der Standort.

Die Zeiten, wo chemische Fabriken allerorts wie die Pilze aus dem Boden schossen, sind im allgemeinen vorbei. Große Neuanlagen werden nur mehr für Sonderaufgaben errichtet, und die zahlreichen Neugründungen für pharmazeutische und ähnliche Betriebe begnügen sich meist mit der Adaptierung mehr oder weniger geeigneter stillgelegter Betriebe, die früher anderen Zwecken gedient hatten.

Die schönste, wenn auch verantwortungsvollste Aufgabe bleibt es immer, eine Fabrik, wie man sagt, auf die grüne Wiese zu setzen. Mit der richtigen Wahl dieser grünen Wiese ist vielfach über Gedeih und Verderb eines Werkes schon entschieden, ehe noch zum erstenmal der Kamin geraucht hat. Nähe der Rohstoffquellen, Lage zu den Absatzmärkten, Vorhandensein genügender Mengen eines geeigneten Fabrikationswassers, die Möglichkeit der Beseitigung der Abwässer sind nur die wichtigsten, aber durchaus nicht die einzigen Voraussetzungen, die bei der Wahl eines Bauplatzes zu berücksichtigen sind. Es ist überraschend, wie leichtfertig man in dieser Hinsicht oft vorgegangen ist. Da gab es eine Kunstseidefabrik, die niemals aus den Schwierigkeiten herauskam und schließlich stillgelegt werden mußte, weil man vor dem Bau verabsäumt hatte, das Fabrikationswasser auf seine Eignung für den gedachten Zweck zu prüfen, eine chemische Fabrik, die eine kilometerlange Abwasserleitung an den nächsten Vorfluter zu erbauen gezwungen war, ja eine Braunkohlenkokerei in Nordböhmen mußte buchstäblich zweimal erbaut werden, das erste Mal an der Elbe, weil man nur an den Abtransport des Kokses elbabwärts gedacht hatte, das zweitemal an einem Schacht, um die Vorfracht für die Braunkohle zu sparen.

Solch schwere Fehler werden wohl heute seltener begangen, weil allzuviel abschreckende Beispiele vorliegen. Aber speziell in der Betriebswasserfrage geschieht es noch immer, daß man nur von dem zunächst zu übersehenden Bedarf ausgeht, aber künftiger

Entwicklung nicht Rechnung trägt und so einen späteren Ausbau, besonders einen solchen in einer von Haus aus vielleicht gar nicht geplanten Richtung, erschwert oder unmöglich macht. Wo auf weite Sicht geplant wird, soll stets zur Beratung in Wasserfragen ein erfahrener und mit den örtlichen Verhältnissen vertrauter Geologe herangezogen werden. Mit großer Vorsicht sind die Erkundigungen über die Hochwasser-Sicherheit eines Bauterrains zu bewerten. Man verlasse sich in dieser Hinsicht nicht allzusehr auf Angaben der Anrainer; solche sind fast immer an dem beabsichtigten Bau in irgend einer Weise interessiert oder aber sie sind grundsätzliche Gegner der Industrialisierung einer bisher nur landwirtschaftlich genutzten Gegend. In manchen Fällen kann man auch von der Gendarmerie objektive Auskünfte erhalten.

Wichtig ist auch bei der Standortswahl die Frage Stadt, Stadtnähe oder Land? Kleinere Betriebe werden in den meisten Fällen mit der Ansiedlung in der Stadt besser fahren. Sie können dort wenigstens in normalen Zeiten die Sorge um Wohnmöglichkeiten für ihre Arbeiter und Angestellten dem Wohnungsmarkt überlassen, sie können sich hinsichtlich der Versorgung mit Kraft, Wasser und Gas der städtischen Versorgung anschließen und sparen so an Anlagekosten.

Größere Anlagen gehören unbedingt in die unverbaute Großstadtnähe oder auf das flache Land, es sei denn, daß der Bauplatz durch reine Verkehrsverhältnisse, z. B. Anschluß an einen Hafen, gegeben ist oder daß eine Gemeinde besonderes Interesse zeigt, Industrien bei der Ansiedlung in ihren Gemarkungen zu unterstützen. Es können dann die Nachteile der Stadtsiedlung durch gemeindeseits bevorzugt zur Verfügung gestellten Baugrund, durch langfristige Steuerbegünstigungen u. dgl. wieder wettgemacht werden.

Wenn irgendwo, soll man beim Grundankauf hinsichtlich des Ausmaßes der Fläche nicht sparen. Steht erst einmal eine Fabrik, so steigen erfahrungsgemäß die Grundstückpreise in ihrer Nachbarschaft sprungweise an und man gerät oft rascher in Raumnot, als sich bei Gründung der Fabrik voraussehen ließ. Dann kann die Hartnäckigkeit eines einzigen Nachbarn, der nicht oder nur zu unerschwinglichen Preisen verkaufen will, zur Gründung eines räumlich entfernten Filialbetriebes zwingen, was immer unwirtschaftlich ist. Grundstücke, die erst einer späteren Bebauung zugeführt werden sollen, kann man einstweilen als Schrebergärten für die eigenen Arbeiter einer dankbar empfundenen Nutzung zuführen.

Der Bauplatz soll tunlichst eben sein. Durch die modernen Transporteinrichtungen hat man die frühere Scheu vor Materialbewegungen in der Vertikalen verloren und man sieht immer seltener Anlagen, in denen der Materialfluß natürlichen Höhendifferenzen des Terrains folgt. Es soll zwar nicht geleugnet werden, daß eine solche Bauweise bei ganz großen Massenbewegungen, etwa in der Aufbereitung, ihre Berechtigung haben mag und daß auch chemische Fabriken im engeren Sinn bei geschickter Planung aus der Not eine Tugend machen können, aber man legt sich durch die Anpassung an das Terrain vielzusehr für alle Zukunft fest und jede Änderung der einmal getroffenen Anordnung stößt auf oft unüberwindliche Schwierigkeiten. Man vergesse eben nie, daß die chemische Industrie durch den rascheren Verschleiß ihrer Einrichtungen und durch die raschere Entwicklung ihrer Arbeitsmethoden Pläne auf allzu lange Sicht nicht machen kann. Eine Papiermaschine sieht bei aller Verfeinerung in den Einzelheiten grundsätzlich heute noch so aus wie vor einem Jahrhundert. Vergleicht man dies mit dem Wandel, den inzwischen die chemische Industrie auf dem Wege von der Salpetersäureerzeugung aus Chilesalpeter zu den modernen Stickstoffsynthesen, von der Leblanczur Solvaysoda oder von der Ätznatronerzeugung durch Kaustifizierung von Soda zur Alkalielektrolyse gegangen ist, dann wird einem der grundsätzliche Unterschied klar. Auch ist die chemische Industrie gezwungen, ihre Erneuerungs- und oft grundsätzlichen Umstellungs-Arbeiten in verhältnismäßig kurzen Fristen durchzuführen. Während man in anderen Industriezweigen so manche Fabriken findet, die jahrzehntelang keine größeren Investitionen vorgenommen haben, heißt es in der chemischen Industrie meist: Dem Fortschritt folgen oder sterben.

Dem stets anzustrebenden Grundsatz einer möglichst elastischen Bau- und Betriebsführung chemischer Betriebe, die sich oft dem Unvorhergesehenen gegenübergestellt sieht und mit Reserven für dieses Unvorhergesehene rechnen muß — in dieser Beziehung dem militärischen Denken ähnlich —, entspricht jedenfalls ein von Natur aus ebenes oder mit geringen Kosten zu planierendes Grundstück am besten.

Von großer Wichtigkeit ist auch die Höhe des Grundwasserspiegels. Nichts ist auf die Dauer lästiger, als wenn man bei jedem

Spatenstich in den Boden auf Grundwasser stößt. Alle Erdarbeiten
verteuern sich, wenn sie nur unter künstlicher Entwässerung ausgeführt werden können. Die Kosten von Unterkellerungen erhöhen
sich durch die Schwierigkeiten der Abdichtung, noch mehr, wenn
man gezwungen ist, nachsickerndes Wasser dauernd abzupumpen.
In dem Abschnitt über das Bauwesen wird noch näher ausgeführt
werden, wie man sich zu helfen hat, wenn man gezwungen ist, bei
der Wahl eines Grundstückes doch auf ein solches mit hohem
Grundwasserspiegel zu greifen.

Ein etwa vorgesehener Gleisanschluß kann nicht früh genug
angelegt werden; ist doch die Materialbewegung in der Bauzeit
eines Betriebes mitunter größer als nach der Betriebsaufnahme.
Die zu bewegenden Mengen von Ziegeln, Kalk, Sand, Zement,
Glas, Holz, Baueisen und Maschinenteilen sind bei nicht ganz kleinen Bauten meist so groß, daß sie allein schon die Anlage eines
Gleisanschlusses rechtfertigen.

Ansonsten spielt bei kleineren Unternehmungen ein Gleisanschluß nicht mehr dieselbe Rolle wie früher. Bei Lage einer kleinen
Fabrik in der Stadt oder an einer guten Autostraße wird man auf
einen Bahnanschluß um so leichteren Herzens verzichten können,
weil die Bahnverwaltungen noch immer dazu neigen, den Werken
ihre noch aus der Zeit des Verkehrsmonopols der Eisenbahnen
stammenden „Normalverträge" für Anschlußgleise aufzuzwingen,
die dadurch gekennzeichnet sind, daß die Bahn nur Rechte hat,
der Besitzer der Schleppbahn nur Verpflichtungen und Verantwortung für die Handlungen werksfremder Personen trägt.

Soviel über die gänzliche Neuanlage von Fabriken. In den meisten Fällen sind neue Betriebe als Ergänzungen bestehender Fabriken anzulegen. Ja oft überhaupt nur ausführbar, wenn der Kapitalsaufwand für Kraftanlagen, Werkstätten, Laboratorien, Verwaltungsgebäude und Grunderwerb wegfällt und die starren Unkosten des vorhandenen Betriebes auf eine breitere Grundlage verteilt werden sollen. In diesem Fall wird man sich dem bestehenden
Bebauungsplan anzupassen haben. Ohne Kompromisse wird es in
diesem Fall kaum abgehen, es sei denn, daß der aufnehmende Betrieb für eine künftige Erweiterung weitgehende Vorsorge getroffen hatte. Oft stehen sich in diesem Fall die Ansprüche des Alten
und des Neuen sosehr im Wege, daß es besonderer Erfahrung bedarf, um Fehlgriffe zu vermeiden.

Die Gebäude.

Nicht weniger wichtig und verantwortungsvoll als die Wahl des Standortes bei einer chemischen Fabrik ist die Aufstellung des Bebauungsplanes. Nach dem, was im ersten Abschnitt über „Elastizität" gesagt wurde, könnte es scheinen, daß ein Bebauungsplan auf weite Sicht überhaupt ein Unding sei und daß man die Situierung zukünftiger Gebäude auf dem Werksgelände dem eintretenden Bedarfsfall überlassen könnte. Gewisse allgemeine Richtlinien lassen sich gleichwohl aufstellen. Zunächst sind die Hauptkommunikationen unter Berücksichtigung der Straßen, der Eisenbahnanschlüsse und eines eventuell vorhandenen Werkshafens vorzusehen. Sodann sind unter Berücksichtigung der vorherrschenden Windrichtung getrennte Rayone für Betriebe, für Verwaltungsgebäude und für Wohnzwecke festzulegen. Bewährt ist auch die nach dem Leverkusener beispielgebenden Vorbild vorgenommene Trennung in Betriebsgruppen für die Erzeugung von Grundstoffen, Zwischenprodukten und Fertigwaren, wobei die Einzelbetriebe dem Hafen desto näher liegen, je mehr Materialbewegung sie erfordern.

Für die Einzelheiten der Gebäude ist zu unterscheiden, ob es sich um Gebäude zur Aufnahme großer, einheitlicher Apparaturen handelt oder ob, wie zum Beispiel in der Erzeugung pharmazeutischer und chemischer Präparate, das Gebäude das Primäre ist, in das die einzelnen Maschinen sukzessive eingebaut werden. Im ersteren Fall hat sich das Gebäude sklavisch der Apparatur anzupassen. Auf dem Reißbrett entsteht sozusagen die Apparatur ohne Rücksicht auf das Gebäude und diese wird mit dem Hochbau nachträglich bekleidet — wenn ein solcher überhaupt noch vorhanden ist. Denn in der chemischen Großindustrie ist man noch einen Schritt weitergegangen und stellt heute große Teile der Apparatur unbedenklich ins Freie oder bedeckt höchstens die Anlage mit einem frei stehenden Dach, das einigermaßen Schutz gegen die Einwirkungen von Schnee und Regen bietet. Die Berechtigung dieser Bauweise, die manch älteren Fachgenossen geradezu ketzerisch anmutet, ist durch zwei Momente gegeben: erstens durch die zunehmende Verwendung von säurefesten Apparaturen. Welchen Sinn hätte es auch, etwa einen Absorptionsturm aus V-2-A-Stahl in einen geschlossenen Raum einzubauen, wenn es nicht unbedingt notwendig ist, ja wenn mit dem geschlossenen Gebäude auch noch in Anlage und Betrieb kostspielige Entlüftungsanlagen entbehrlich werden? Zweitens aber ist diese Aufstellung im Freien ein Kind der Fortschritte im Bau der Fernmelde-Meßgeräte und Fernregelungsanlagen, die es ermöglicht haben, die Tätigkeit des Bedienungspersonals in einen wettergeschützten Kommandostand zu verlegen, so daß die Leute nicht mehr, Eichhörnchen gleich, an der Apparatur herumzuturnen brauchen, um da ein Thermometer und Manometer abzulesen, dort ein Ventil zu bedienen.

Ganz anders liegen die Dinge in den schon erwähnten Fabriken chemisch-technischer oder chemisch-pharmazeutischer Natur, wo die Frage nach der zweckmäßigen Bauweise wohl berechtigt ist. Hier hat man sich, wie jeder Blick auf die Abbildungen älterer chemischer Fabriken lehrt, vielfach mit dem der Textilindustrie entlehnten System der Shedbauten begnügt. Zweifellos hat dieses System den Vorteil, daß es erlaubt, auch verhältnismäßig größere Bauflächen einigermaßen ausreichend zu belichten und die verbaute Fläche — wenigstens zu ebener Erde — gut auszunützen. Ein großer Nachteil liegt aber in der Unmöglichkeit, Shedbauten aufzustocken, soweit es sich nicht um verhältnismäßig kleine Teile der Dachfläche handelt. Meist aber nehmen die nachträglich vorgenommenen Aufstockungen dem Erdgeschoß das gute Licht, es sei denn, daß man z. B. bei der Aufstellung von Destillierkolonnen und ähnlichen Apparaturen mit großer Bauhöhe auf durchgehende Zwischendecken verzichten kann. Wo vorhandene Shedbauten nachträglich für chemische Betriebe adaptiert werden sollen, vergewissere man sich vor Ankauf oder Miete, ob das Dach auch wirklich wasserdicht ist, am besten durch eine Besichtigung bei strömendem Regen oder während der Schneeschmelze. Ältere Shedbauten, namentlich solche, bei denen die Dachichsen genau in der Wasserwaage liegen, sind selten wasserdicht.

Bei Neubauten ist man daher zu kleineren Einzelobjekten von geringerer Breite übergegangen, was die Vorteile der besseren Zugänglichkeit mit der Möglichkeit der Ausführung in mehreren Geschossen bei guter Belichtung vereinigt und nebenbei erhöhter Feuersicherheit zugute kommt. Neuere Dachkonstruktionen, wie z. B. das Stefansdach, ermöglichen es übrigens, größere Breitenentwicklung auch bei freitragenden Dächern zu erreichen. Im übrigen ist das freitragende Dach nur für Lagerräume zur Speicherung von Massengütern ein unbedingter Vorteil. Sonst kann das Vorhandensein von tragenden Säulen eher nützlich sein; es hängt dies mit der geänderten Auffassung über die Situierung von Podesten und ähnlichen Einbauten zusammen. Früher pflegte man mit Podesten ängstlich an den Außenmauern zu kleben. Diese Anordnung hatte den Nachteil der schlechten Belichtung mit finsteren Schmutzwinkeln unter den Podesten. Jetzt geht man mit den Podesten in die Mitte des Raumes und braucht tragende Säulen für die Dächer nicht mehr zu scheuen, im Gegenteil, diese erleichtern die Aufhängung von Transmissionen für Gruppenantriebe und von Rohrleitungen. Die Außenfenster können dann einen großen Teil der Außenwände einnehmen, wobei insbesondere die Ausdehnung der Fenster nach oben, bis nahe unter das Dach, eine vorzügliche Belichtung ergibt.

Der jahrelang gepflegte Streit um einen allen Ansprüchen gerecht werdenden Fußbodenbelag ist wohl zugunsten der säurefesten Klinker entschieden. Von allen Vorteilen, die anderen Fußbodenbelägen nachgerühmt werden, haben die Klinker nur einen nicht, sie sind nicht fußwarm und eignen sich daher nicht für Räume, in denen sitzend gearbeitet wird, zum Beispiel für Packräume. Hier ist eher der gute, alte Schiffboden am Platz.

Erwähnt sei nur noch, daß das Pflaster, wenn man nicht in eigener Regie baut, dem Baumeister schon im Bauvertrag mit einem bestimmten und genau zu kontrollierenden Gefäll vorzuschreiben ist. Nichts geht einem Baupolier so gegen die Natur, wie ein Pflaster, das nicht genau in der Waage liegt. Ein solches erschwert aber die Reinhaltung ebensosehr wie die Beseitigung der Folgen von mit Materialverlusten verbundenen Zwischenfällen. Selbstverständlich sollen, insbesondere dort, wo mit Quecksilber gearbeitet wird, die Abläufe zur Kanalisation mit entsprechend geformten Zwischengefäßen ausgestaltet sein. Diese bestehen bei Quecksilber selbst aus einfachen Holz- und Steinzeugwannen, während bei kostbaren Niederschlägen von geringerem spezifischem Gewicht mit Schikanen ausgestattete Kläranlagen vorzusehen sind. Hinsichtlich der Dächer sind die Meinungen noch mehr geteilt als bezüglich der Fußböden; eine Zeitlang gehörten Eindeckungen mit Dachpappe geradezu zum charakteristischen Bild industrieller Bauten. Sie erfreuen sich auch heute noch großer Beliebtheit, meines Erachtens jedoch mit Unrecht. Sie haben zwar den Vorteil geringen Eigengewichtes und niedriger Anschaffungskosten. Um so höher sind ihre Erhaltungskosten; werden sie nicht regelmäßig alle zwei Jahre frisch geteert, so werden sie brüchig und verlieren ihre

Wasserdichtheit. Vielfach ist man zu massiven Decken aus Beton übergegangen, die jedoch einer sehr sorgfältigen Abdichtung bedürfen und deren Feuersicherheit mitunter stark überschätzt wird. Kommt es zu einem Brand im Inneren des Gebäudes, so stürzt eine massive Decke meistens ein und verursacht mehr Schaden als das Feuer selbst, während ein leichtes Dach abbrennen kann, ohne daß in dem betroffenen Raum größerer Schaden angerichtet wird. Der Verfasser kann sich eines Brandes erinnern, wo der ganze Dachstuhl in Flammen aufging, aber in dem Betrieb — begünstigt durch gutes Wetter — nach der Beseitigung von Asche und Schmutz ruhig weitergearbeitet werden konnte. Der Dachstuhl wurde ohne Unterbrechung des Betriebes erneuert.

Die ideale Lösung ist nach meiner Meinung ein leichtes Dach mit Eternitdeckung. Die Anschaffungskosten sind zwar höher als bei Dachpappe, aber dafür sind die Erhaltungskosten gleich Null. Im Brandfall freilich ist auch Eternit nicht ganz harmlos. An sich brennt zwar Eternit im Gegensatz zu Dachpappe überhaupt nicht, aber wenn ein hölzerner Dachstuhl in Brand gerät, springen die Eternitziegel und gefährden durch die scharfkantigen Bruchstücke die Löschmannschaft.

Die Stiegen haben, seitdem in modern gebauten Fabriken ein Materialtransport über die Stiegen nicht mehr stattfindet, an Bedeutung stark eingebüßt. Breite und Steigungswinkel der Stiegen haben nach dem voraussichtlichen Verkehr zur Zeit des Schichtwechsels bemessen zu werden. In Packräumen, die im Obergeschoß gelegen sind und in denen zahlreiche Arbeiterinnen beschäftigt werden, sollen, wenn möglich, zwei Stiegenhäuser an beiden Enden des Gebäudes angeordnet werden, damit auch in Brandfällen stets ein Fluchtweg frei bleibt. Die oft angewendeten und von der Gewerbebehörde tolerierten Notstiegen im Freien sind kein Ersatz; bei ihrer Benützung führt die geringste Stockung zur Panik.

Die Stockwerkhöhe, gleichviel ob es sich um durchlaufende Geschosse oder um Podeste handelt, wähle man nur so hoch, als unbedingt notwendig, insbesondere in Räumen, die im Winter geheizt werden müssen. Es ist eine häufig vorkommende Gedankenlosigkeit, daß man einerseits in der Apparatur jeder Kalorie, die zu ersparen ist, emsig nachläuft, anderseits aber im Winter durch das Heizen allzu hoher Räume den Dampf tonnen- und waggonweise vergeudet. Die Zuckerindustrie hat in dieser Hinsicht ein schlechtes Beispiel gegeben, sosehr sie auch gerade in wärmetechnischer Hinsicht vorbildlich für andere Industriezweige geworden ist; aber wer die imposanten Hochbauten moderner Zuckerfabriken sklavisch nachbaut, vergißt, daß in der Zuckerindustrie so gewaltige Wassermengen zu verdampfen sind, daß schon die unvermeidlichen Strahlungsverluste hinreichen, um die höchsten Gebäude ausreichend zu erwärmen, ohne daß eine zusätzliche Heizung vorgesehen werden müßte. Zu weit darf man allerdings in der Sparsamkeit bei der Bemessung der Raumhöhe auch nicht gehen. Schon auf dem Reißbrett bedenke man, daß jede Apparatur bei der Montage, bei Revisionen, Reparaturen und Erneuerungen einen gewissen Spielraum nach oben erfordert, daß auch Flaschenzüge eine nicht zu unterschreitende Bauhöhe haben, daß Rührwerke mitunter nach oben ausgefahren werden müssen; kurz, das Konstruktionsbüro muß in der Phantasie alle nur denkbaren Umstände und Schwierigkeiten im voraus miterleben und sich stets vor Augen halten, daß jedes Übersehen in dieser Hinsicht den Betrieb vor dauernde und oft nur mit hohen Kosten zu behebende Schwierigkeiten stellt.

Für den Fall, daß eine einzelne Apparatur die Durchschnittshöhe einer Anlage wesentlich übersteigt, wie dies zum Beispiel bei Destillierkolonnen die Regel bildet, wird man natürlich nicht das ganze Gebäude entsprechend hoch bemessen, sondern man geht in einem solchen Fall ruhig in ein höheres Geschoß, auch in den Bereich eines anderen Betriebes hinein, oder über das Dach hinaus. Inwieweit in einem solchen Fall Aus- bzw. Aufbauten notwendig sind, hängt von den Anforderungen an die Bedienbarkeit ab. Bei Kolonnen pflegt man diese wie auch die zugehörigen Dephlegmatoren und Kühler in einem überall begehbaren Aufbau unterzubringen, hingegen kann ein barometrisches Vakuum ohneweiteres auch ganz aus dem Gebäude hinausverlegt werden. Nur in Ausnahmefällen soll man in die Dachschräge hineingehen. Es ist nicht jedermanns Sache, bald über Dachbinder zu turnen, bald sich den Kopf an Dachsparren anzurennen. Solche Dinge, wenn sie auch nicht tragisch zu nehmen sind, lenken doch die Aufmerksamkeit ab, die voll und ganz dem Betrieb gewidmet sein soll. Vom Standpunkt der Wärmeökonomie gehört ja der Dachraum unter Pult- und Satteldächern unbedingt verschalt, wenigstens wenn die darunter gelegenen Räume im Winter beheizt werden sollen. Allerdings begibt man sich dadurch der Möglichkeit, den

Dachstuhl gelegentlich bei Montagen und Reparaturen als Stütz-punkt für Flaschenzüge, provisorische Bühnen u. dgl. aus-nützen zu können. Auch entsteht in einem abgeschalteten Dach-raum leicht ein unzugänglicher Winkel, in dem sich im Brandfall das Feuer unbemerkt ausbreiten kann. Es vergehen dann kostbare Minuten, bis der Brandherd bzw. seine Ausdehnung erkannt ist und die Bekämpfung einsetzen kann. Gerade bei einem Brand die-ser Art hat der Verfasser einmal einen Feuerschutzanstrich schät-zen gelernt. Skeptiker pflegen wohl zu sagen, daß kein Flamm-schutzmittel einen d a u e r n d e n Schutz gewähre. Dies ist zwar richtig, aber eine Verkennung des Zweckes von Flammschutzmit-teln, denn zehn Minuten späteren Ausbruches eines Großfeuers sind wichtiger als eine halbe Stunde Bekämpfung nachher.

Die Belüftung ist in chemischen Betrieben mit ihren oft übel-riechenden oder gesundheitsschädlichen Abgasen von besonderer Wichtigkeit. Die klassischen Belüftungseinrichtungen, wie Dach-reiter und Lüftungsflügel in den Fenstern, haben nur bedingten Wert. Dachreiter, überhaupt nur in ebenerdigen Gebäuden oder im obersten Stockwerk eines mehrgeschossigen Gebäudes möglich, haben wenig Wirkung als Ventilatoren, bieten aber dem Staub vor-züglichen Zutritt. Auch bewirken sie im Winter in geheizten Räu-men eine unerwünschte Abfuhr der ohnehin nach oben streichen-den Warmluft. Lüftungsflügel in den Fenstern werden erfahrungs-gemäß nur in der warmen Jahreszeit benützt. Glücklicherweise erfordern moderne, kugelgelagerte Ventilatoren so wenig Strom, daß man auf jede andere Lufterneuerung ruhig verzichten kann, es sei denn, daß man gezwungen ist, dem Wunsch eines Gewerbe-aufsichtsbeamten alter Schule Rechnung zu tragen. Von Fall zu Fall wird wohl zu überlegen sein, ob man die verbrauchte Luft ab-saugen oder ob man die frische Luft in einen Raum hineindrücken soll. Ersteres wird sich dort empfehlen, wo ein übler Geruch tun-lichst schon an der Stelle der Entstehung beseitigt wird. Jedes Ab-saugen begünstigt jedoch die Entstehung von Zugluft und man wird in Räumen, wo viele Leute beschäftigt sind, das Eindrücken von Frischluft vorziehen. Wo reichliche Mittel zur Verfügung ste-hen, greift man zu der bekannten Kombination von Heizung und Lüftung und bläst im Sommer kalte, im Winter vorgewärmte Luft in die zu beheizenden Räume ein.

Die Heizung erfolgt außer in Zwergbetrieben stets als Sammel-heizung. Abzuraten ist von den allgemein verbreiteten Rippenheizrohren. Solche sind außerordentlich schwer zu reinigen, besonders gilt dies für die an sich zweckmäßigen und raumsparenden Heizrohre mit enggestellten Rippen, und man sieht auch in sonst gepflegten Betrieben selten Rippenheizrohre, die nicht mehr oder weniger verrostet sind. Darum scheue man die einmaligen Mehrkosten für emaillierte Radiatoren nicht; sie machen sich auf die Dauer bezahlt und sehen gefälliger aus. Auch sind die Heizkörper unzugänglich und verlocken nicht dazu, daß sie zum Anwärmen mitgebrachter Speisen und Getränke verwendet werden. Dies sieht nicht nur unordentlich aus, sondern vermindert auch den Sinn für Ordnung, der in jeder Fabrik, einer chemischen ganz besonders, herrschen soll. Dort, wo es unvermeidlich ist, daß die Arbeiter ihre Mahlzeiten während der Schicht in den Arbeitsräumen einnehmen, stelle man den Leuten Wärmeplatten mit Dampf- oder elektrischer Heizung zur Verfügung.

Eine Frage, die stets viel Sorge bereitet, ist ein entsprechender Rostschutz, für den schon beim Bau viel geschehen kann. Man wähle insbesondere Dachträger und die Konstruktionsteile von Podesten tunlichst aus Beton oder Holz. Holz ist überhaupt ein noch viel zuwenig geschätzter Baustoff. Es ist gegen die Einwirkung von Chemikalien überraschend widerstandsfähig, bei Umbauten leicht wieder zu zerlegen und zu entfernen und behält auch im gebrauchten Zustand immer noch einen gewissen Wert. Betonkonstruktionen sind äußerst schwierig wieder zu entfernen, wie jeder Blick in die Straßen bombenbeschädigter Städte lehrt, und hinterlassen nach ihrem Abbruch nur lästigen Bauschutt. Dort, wo aus konstruktiven Gründen Eisenträger nicht zu vermeiden sind, ist das beste Rostschutzmittel gerade gut genug. Bewährt haben sich vor allem die alten Bleifarben. Ein Grundanstrich mit Mennige und ein Deckanstrich mit Bleiweiß sind im Grunde genommen trotz aller Neuerungen auf diesem Gebiete noch unübertroffen. Eine Ausnahme macht vielleicht der Anstrich mit Bleisuboxyd, doch steht dem Vorteil der außerordentlichen Ausgiebigkeit dieses unter der Bezeichnung „Subox" bekannt gewordenen Rostschutzmittels der Nachteil gegenüber, daß der Anstrich eine ganz besonders gründliche Entrostung vor der Aufbringung des Grundanstriches erfordert und daß der Rostschutz-Film durch seine geringere Dicke empfindlicher gegen mechanische Beschädigung ist. Das gleiche gilt übrigens auch für die sogenannte disperse, besser gesagt hochdisperse Mennige. Übrigens hat schon M a a ß darauf aufmerksam gemacht, daß für die Haltbarkeit eines Rostschutzanstriches das Streichwetter von nicht geringerer Bedeutung ist als die Qualität der Anstrichfarben und die handwerklich korrekte Ausführung der Arbeit. Ein Anstrich, der bei hoher Luftfeuchtigkeit vorgenommen wird, erreicht niemals die gleiche dauernde Schutzwirkung wie ein bei trockenem Wetter durchgeführter. Ganz besonders verfehlt ist es aber, einen Rostschutzanstrich bei Frostwetter zu Ende bringen zu wollen. Man streicht diesfalls stets auf einer unsichtbaren Eishaut; der Film bleibt zwar zunächst in sich geschlossen, wird aber dann durch Unterrostung angegriffen.

Es ist vielfach üblich, daß Eisenkonstruktionswerkstätten und Kesselbauanstalten den Grundanstrich selbst vornehmen, um der Entstehung von Rost schon während des Transportes und der Montage vorzubeugen. In diesem Falle empfiehlt es sich, in dem Lieferungsvertrag ausschließlich eine Grundierung mit Bleimennige vorzuschreiben, ansonsten erhält man mit hoher Wahrscheinlichkeit sogenannte Eisenmennige geliefert. Nicht immer muß in einem solchen Fall betrügerische Absicht zugrunde liegen, die darauf spekuliert, daß beide Anstriche von roter Farbe sind, oft liegt die Schuld an der geradezu erstaunlichen Fremdheit, mit der auch gute Konstrukteure den Fragen des Rostschutzes noch immer gegenüberstehen.

Ausgesprochen zu warnen ist vor einem Rostschutz-Anstrich mit Teer oder Teerkomposition. Man betrachte nur einmal ein Stück Blech, das mit einem teerhaltigen „Eisenlack" gestrichen war, unter der Lupe — im wörtlichen Sinn des Ausdruckes —, und man wird finden, daß der ganze Anstrich mit feinen Haarrissen durchzogen ist. Gelingt es dann auch noch, den alten Teeranstrich zu entfernen, was gar nicht so leicht ist, so wird man weitgehende Unterrostungen feststellen können, was doppelt gefährlich ist, weil der Teeranstrich Aufreten und Umfang solcher Unterrostungen dem Auge zunächst verbirgt. Nehmen diese Unterrostungen einen solchen Umfang an, daß sie deutlich zu Tage treten, so wird angesichts der Unmöglichkeit, den alten Anstrich vollkommen zu entfernen, ein neuer Anstrich auf den alten gepinselt, die Unterrostung aber schreitet munter fort, bis — gewöhnlich aus Anlaß einer Revision oder einer geringfügigen Reparatur ein ganzes, scheinbar noch gut erhaltenes Reservoir, Meßgefäß od. dgl. vollkommen zu Bruche gehen. Dabei will ich durchaus nicht sagen, daß Teeranstriche z. B. auf Beton nicht ihre Meriten haben — aber auf Eisen gehören sie nicht. So konnte der Verfasser eiserne Gittermasten, die in einer besonders korrosionsgefährdeten Anlage das Dach trugen und die trotz eines immer wieder erneuerten Teeranstriches bis zur Gefahr für ihre Tragfähigkeit korrodiert waren, dadurch retten, daß sie mit Beton umkleidet und dann mit Teer gestrichen wurden.

Besondere Aufmerksamkeit erfordert der Rostschutz dort, wo die Konstruktionen durch Ammoniak, Salzsäure oder Chlorsulfonsäure gefährdet sind. Bei Einwirkung von Ammoniak leidet früher oder später auch der beste Ölfarbenanstrich. In diesem Fall ist der billigste Anstrich, etwa mit Eisenmennige, gut genug, er muß aber dann in kurzen Abständen erneuert werden. Dasselbe gilt auch für den Schutz gegen Salzsäure und Chlorsulfonsäure, wo allerdings Eisen als Baukonstruktionselement überhaupt am besten zu vermeiden ist. Im übrigen kann man beim Bau und der Erhaltung von Anlagen, in denen man mit korrosiv wirkenden Ausgangs- oder Zwischenprodukten zu arbeiten gezwungen ist, viel Geld sparen, wenn man, wie schon in anderem Zusammenhang erwähnt, mit Teilen der Apparatur, die aus Steinzeug oder säurefestem Stahl bestehen, noch viel mehr, als in der Vergangenheit üblich, ins Freie geht. Hiedurch können mitunter auch die sanitären Verhältnisse sehr verbessert und z. B. Vergiftungen durch nitrose Gase am besten vermieden werden.

Schon bei der Errichtung der Gebäude chemischer Fabriken ist auch der Schutz gegen Schadenfeuer zu berücksichtigen. Verfasser ist nicht der Ansicht gewisser alter Praktiker, die oft, halb im Scherz, halb im Ernst, äußern, daß ein Brand mitunter wohltätig sei, weil er die Erneuerung veralteter Anlagen auf Kosten der Feuerversicherung ermöglicht. Abgesehen von der moralischen Seite der Angelegenheit ist dies meist eine Fehlspekulation, wenigstens in jenen Ländern, die eine Neuwert-Versicherung ausschließen. Die Errechnung des Zeitwertes bleibt aber auch dann ein Lotteriespiel, wenn eine sorgfältig angelegte und peinlich evident gehaltene Vorschätzung vorliegt. Ganz abgesehen davon bedeutet jeder größere Brand eine Unsumme von Arbeit für den Techniker und schwere Verlegenheit für den Kaufmann, der die Nichteinhaltung von Lieferungsverpflichtungen mitunter mit dem Verlust eines Dauerkunden zu büßen hat. An dieser Stelle sei auch noch eingeschaltet, daß auch die Betriebs-Stillstand-Versicherung oft zu einer Quelle unangenehmer Auseinandersetzungen mit dem Versicherer werden kann. Mehr noch als bei der Feuerversicherung ist es notwendig, durch ganz klare Vereinbarungen (die vorgedruckten Normalverträge, die der Versicherer vorzulegen liebt, sind das durchaus nicht immer!) festzustellen, in welchem Umfang der Versicherer für Schäden haftet und mit welchem Teil eines Schadens der Versicherte in Selbstversicherung geht.

Am wichtigsten ist die Frage der Feuerverhütung in Pulver- und Sprengstoff-Fabriken, die gewöhnlich mit Rücksicht auf die unerschwinglichen Kosten der Versicherungsprämien überhaupt nicht versichern. Dort pflegt man die einzelnen Objekte durch große Zwischenräume voneinander zu trennen. Für andere chemische Fabriken kommt diese Lösung im allgemeinen (Ausnahmen z. B. Rohzelluloidfabriken!) nicht in Frage. Sie bedeutet nicht nur einen einmaligen Kapitalsaufwand für den Grunderwerb, sondern auch dauernden Mehraufwand für den Transport der Zwischenprodukte, übermäßige Wärmeverluste in den Rohrleitungen; endlich verunmöglicht sie den Transport von Stoffen niedrigen Schmelzpunktes im flüssigen Zustand. Man hat sich zwar in solchen Fällen durch heizbare Rohrleitungen zu helfen versucht, z. B. zum Transport von geschmolzenem Tritol, aber solche heizbare Rohrleitungen stellen sich in Anlage und Betrieb zu teuer und man ist von dieser Anordnung wieder abgekommen.

Die Vorsorge gegen Feuerschäden muß sich in zwei Richtungen erstrecken. Einmal gegen das Entstehen eines Schadenfeuers überhaupt, anderseits hinsichtlich der Maßnahmen, um bei der Löscharbeit buchstäblich Sekunden zu sparen, wenn ein Brand ausgebrochen ist und sich zum Großfeuer auszudehnen droht. In ersterer Hinsicht kann man viel durch entsprechende Situierung der einzelnen Objekte, räumliche Isolierung besonders gefährdeter Betriebe, durch entsprechende Lagerung brennbarer Rohstoffe, brennbarer Flüssigkeiten unter Schutzgas u. dgl. erreichen. Der Gefahr von Bränden durch Kurzschluß elektrischen Stroms ist durch besonders sorgfältige Anlage und periodische Revision der Elektro-Installation Rechnung zu tragen.

Um einen trotz aller Vorsichtsmaßnahmen trotzdem ausgebrochenen Brand möglichst bald erfolgreich bekämpfen zu können, sind entsprechend verteilte frostsichere Hydranten notwendig. In

Fabriken, die das Löschwasser einem Wasserturm entnehmen, ist es wünschenswert, im Falle der Gefahr die Hydrantenleitungen von dem Wasserturm abzusperren und mit den Pumpen direkt auf das Hydrantennetz arbeiten zu können, um so den Wasserdruck erhöhen zu können. Nützlich ist es auch, von der Kraftzentrale bzw. bei Fremdstrombezug von der Transformatorenstation eine gesonderte, verkabelte Leitung zu den Wasserpumpen zu führen, die auch dann unter Strom steht, wenn das Stromleitungsnetz oder Teile desselben im Brandfall stromlos gemacht werden müssen, um die Gefährdung der Feuerwehrmannschaft durch das Anspritzen stromführender Leitungen zu vermeiden. Bewährt hat sich auch die Anbringung ständiger Steigleitern zur raschen Erkletterung der Dächer, bevor noch die fahrbaren Leitern herangeschafft sind. Zweckmäßig kann auch der eine Holm dieser Leitern als Wasserleitung ausgebildet und am oberen Ende mit Gewinde für Schlauch und Strahlrohr versehen sein. Daß alle Feuerlöschgeräte mit normalisierten Gewinden bzw. Kuppelungen ausgestattet sein sollten, ist eigentlich eine Selbstverständlichkeit, gegen die aber namentlich in älteren Werken oft gesündigt wird. Schließlich sei noch einer Einrichtung gedacht, die sich in einem konkreten Fall sehr bewährt hat. Dort, wo es üblich ist, das Zeichen für den Schichtwechsel mit einer Dampfpfeife zu geben, soll noch eine Sirene mit elektrischem Antrieb vorhanden sein, die die Feuerwehren der Umgebung heranrufen kann, wenn ein Brand ausbricht, falls das Kesselhaus aus irgend einem Grunde nicht in Betrieb ist.

Größere Werke pflegen eine eigene „Werksfeuerwehr" zu bilden. Der Ausdruck ist doppeldeutig. Ist das Unternehmen groß genug, um sich eine hauptberufliche Feuerwehr leisten zu können, so ist dies natürlich von Vorteil; sie übernimmt dann gewöhnlich auch den Sicherheitsdienst in der Fabrik und die erste Hilfe bei Unfällen. Der Kommandant einer solchen Feuerwehr wird den Kreisen beruflicher Feuerwehren entnommen oder wenigstens bei einer solchen ausgebildet. Er ist dann nur dem Werksdirektor direkt unterstellt, muß eine entsprechende Autorität besitzen und ist für die Durchführung aller Feuerverhütungs- und Feuerlöschmaßnahmen sowie für die Ausbildung seiner Leute verantwortlich. Weniger bewährt hat sich die Aufstellung von Fabriksfeuerwehren nach dem System der ländlichen Freiwilligen Feuerwehren, d. h. also der Zusammenschluß der im Feuerlöschdienst mehr oder weniger geschulten Handwerker und Arbeiter in eine uniformierte Formation, die nur gelegentlich zu Übungen zusammengerufen wird. Solche Auch-Feuerwehren sehen mitunter den Hauptzweck ihres Bestandes in den sogenannten „Ausrückungen", d. h. der korporativen Beteiligung an Begräbnissen, Jubiläen und anderen Festen. Im Brandfall leisten sie nicht mehr, als man von einer willigen, aber wenig geschulten Truppe verlangen kann. Daß man von einer Werksfeuerwehr, die nicht eine Art Berufsfeuerwehr ist, demnach besser absieht, soll nicht heißen, daß nicht auf jeden Fall eine bis ins Detail gehende Feuerlöschordnung vorhanden sein soll und daß nicht einzelne Arbeiter, insbesondere solche, die in nächster Nähe der Fabrik wohnen, zu Spezialaufgaben im Feuerschutzdienst herangezogen und für diese Dienste speziell geschult werden.

Der Verfasser hat den Vorsorgen gegen Schadenfeuer und dem Feuerlöschwesen mehr Raum gewidmet, als ihm im Gesamtumfang dieses Buches zuzukommen scheint; gerade auf diesem Gebiet aber kann man variieren: Nur wer den Schaden schon erlebt hat, wird klug.

Wir kehren nun nochmals zum Bauwesen zurück, um ein dem Leser gegebenes Versprechen zu erfüllen. Es handelt sich um die Lösung der Bebauungsfrage in dem Sonderfall, daß man gezwungen ist, auf einem Terrain zu bauen, das einen besonders hohen Grundwasserspiegel aufweist. Man wird in diesem Fall zweckmäßig von der Anlage von Kellern überhaupt absehen und alle jene Maschinen und Apparate, die man sonst in das Kellergeschoß verlegt, wie Kondensatoren, Druckfässer u. dgl., in das Erdgeschoß situieren. In den Kosten spielen die paar Meter Höhe mehr lange nicht die Rolle wie eine Unterkellerung, die unter schwierigen Verhältnissen auszuführen oder gar nur durch dauerndes Abpumpen von Sickerwasser trocken zu halten ist.

Bevor das Kapitel „Bau" geschlossen wird, soll noch eine strittige Frage dem Leser nicht vorenthalten werden, die noch heute nicht völlig geklärt ist und sich allgemein vielleicht überhaupt nicht restlos beantworten läßt, die Frage: Kann und soll man auf „Vorrat" bauen? Verfasser hatte vor Jahren in einer Fabrik, die sich in stürmischer Entwicklung befand und alljährlich eine oder mehrere Neuanlagen errichtete, es sich zur Gewohnheit gemacht, stets einen „Dispositionsbau" zu errichten, wenn alle vorhandenen Räumlichkeiten voll besetzt waren. Diese Maßnahme, die sich jahrelang durchaus bewährte, hat selbst im eigenen Konzern vielfach ablehnende Kritik gefunden, weil unsere Baufachleute durchaus Anhänger des Grundsatzes waren, ein Gebäude habe sich nach der Apparatur zu richten und nicht umgekehrt. Wie schon bemerkt, trifft dies für Anlagen größten Ausmaßes auch durchaus zu. Aber der Verfasser pflegte seinen Mitarbeitern immer wieder die Worte zu zitieren, mit denen die Schießanleitung der alten österreichischen Artillerie begann: Das Schießen verträgt keine starren Regeln. Und das gleiche gilt auch für industrielle Bau- und Betriebsführung. Was bei einer Schwefelsäure-Fabrik oder einer Holzdestillation richtig ist, muß durchaus nicht auch bei einer Fabrik pharmazeutischer Präparate zutreffen. Gestützt auf das jeweilige Vorhandensein von Dispositionsbauten konnten wir Neuanlagen oft in einer erstaunlich kurzen Zeit errichten. War einmal ein neues Verfahren produktionsreif oder ein neuer Lizenz-vertrag abgeschlossen, dann ging es sofort an die Errichtung der notwendigen Podeste und die Aufstellung der Apparatur. Die Dis-positionsbauten waren jeweils schon mit den Haupt-Rohrleitungen für Wasser, Dampf, Kondenswasser, Druck- und Saugluft sowie Licht- und Kraftstrom versehen und konnten oftmals zur Gänze aus dem Bestand an vorrätiger oder aus anderen Betrieben wieder ausgebauter Apparatur ausgestattet werden, so daß es oft nicht einmal notwendig war, auf die Lieferzeit fremder Maschinenfabri-ken zu warten. Allerdings waren auch in Friedenszeiten die Lager der Maschinenhändler überfüllt mit wenig oder kaum gebrauch-ten Apparaten, die sofort oder nach geringen Abänderungen brauchbar waren. Der Hauptvorteil des Systems der Dispositions-bauten lag noch ganz wo anders: Es ist ganz erstaunlich, um wie-viel mehr Schlosser und Monteure leisten, wenn sie in reichlich beleuchteten und behaglich erwärmten Räumen schaffen, als wenn sie durch gleichzeitige Bauarbeiten fortwährend gestört, bei schlechtem Licht und in kalten Räumen arbeiten müssen. Und noch einen Vorteil haben diese Dispositionsbauten: die Unabhängigkeit vom Bauwetter. Wir konnten in dem Schreckenswinter 1928/29 angefangene Bauten ruhig fortsetzen, was natürlich andernfalls völlig unmöglich gewesen wäre. Das anfangs so viel angefeindete System der Dispositionsbauten hat schließlich auch in einzelnen Auslandskonzernwerken Eingang gefunden und sich überall be-währt, wo es sich nicht um ausgesprochene Großanlagen handelte.

Zum Schluß noch einige Worte zu den beigegebenen Abbildungen. Abb. 1 zeigt einen der eben besprochenen Dispositionsbauten.

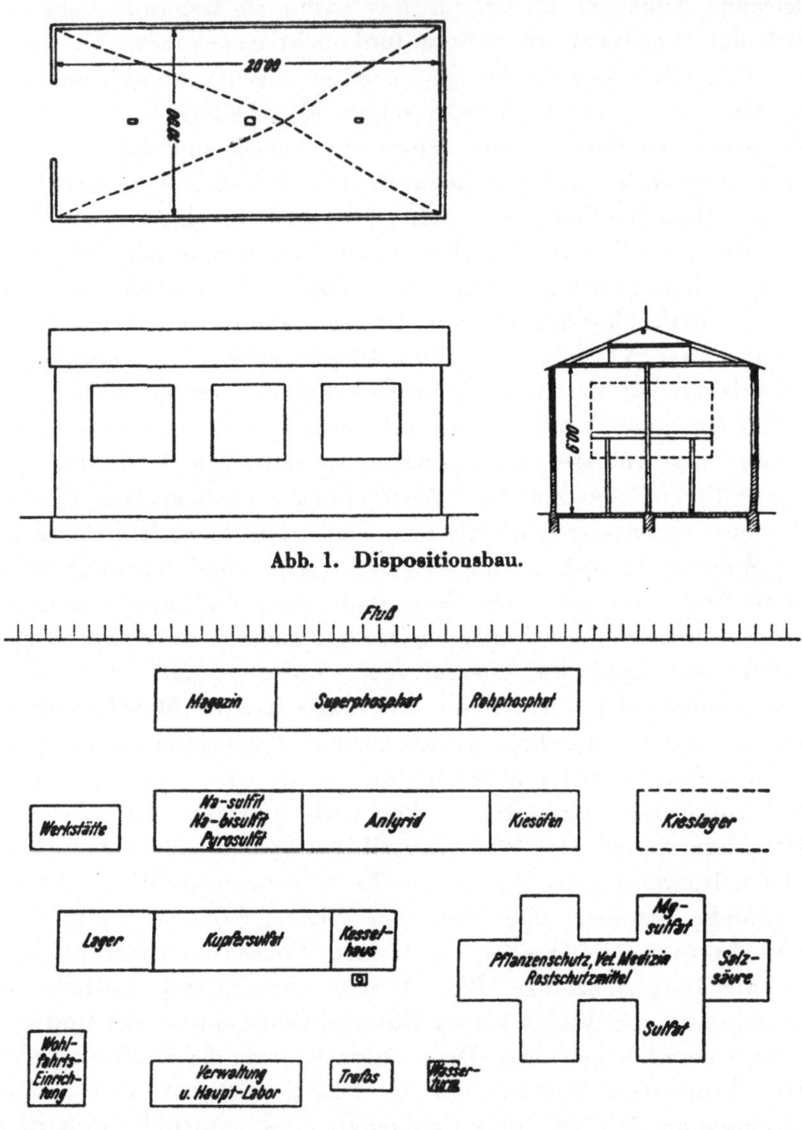

Abb. 1. Dispositionsbau.

Abb. 2. Chemische Fabrik, erbaut 1939/40.

Abb. 2 stellt eine Anlage der chemischen Großindustrie vor, die auf einem besonders vorteilhaften Baugrund mit Hafenanschluß

während des ersten Kriegsjahres erbaut wurde. Die Fabrik erzeugt
Schwefelsäure nach dem Kontaktverfahren, Superphosphat, Kup-
fersulfat und Pflanzenschutzmittel. Der Grundriß ist sichtlich von
der bekannten Bauweise der Leverkusener Anlage beeinflußt. Man
beachte besonders die in Europa noch ungewöhnliche Bauweise
der Anlage für Pflanzenschutzmittel mit den sich kreuzenden

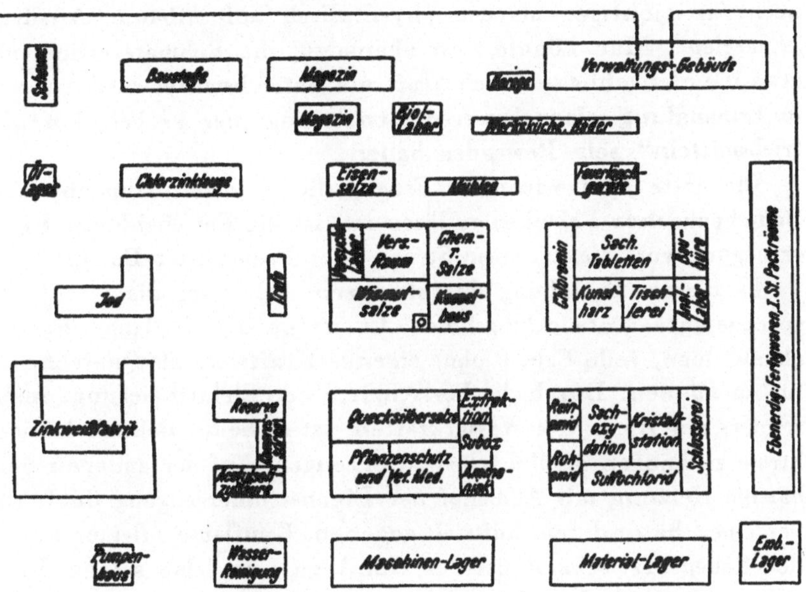

Abb. 3. Chemische Fabrik, erbaut in den Jahren 1903 bis 1936.

Längs- und Querschiffen. Neben dem Vorteil der unbeschränkten
Erweiterungsmögiichkeit in alle Richtungen zeichnet sich der Bau
durch besonders günstige Belichtung aus. Nach Fertigstellung war
es möglich, im Innern des Raumes mit den im Freien üblichen Be-
lichtungszeiten zu photographieren. Die Fabrik nach Abb. 3 stellt
in vieler Hinsicht das Gegenteil der in Abb. 2 gezeigten Anlage
dar. Es handelt sich um ein altes, 1903 als reine Sacharinfabrik er-
bautes Unternehmen, das nach vielfältigen Zu- und Umbauten die
jetzt gezeigte Form angenommen hat. Man beachte, daß die dampf-
verbrauchenden Betriebe konzentrisch um das Kesselhaus angelegt sind, während die sogenannten „kalten Betriebe" an die Peri-
pherie gerückt sind. Ungünstig ist die räumliche Trennung des Sa-
charinbetriebes in mehrere Gebäudegruppen. Hier wäre eine Kon-
zentration technisch geboten, aber unwirtschaftlich gewesen.

Die Betriebsmittel.

Unter den Betriebsmitteln verstehe ich die Versorgung eines Betriebes mit elektrischem Strom, Dampf, Wasser, Heizgas, Druck- und Saugluft. Der Bedenken, die man gegen diese Definition vom sprachlichen Standpunkt geltend machen kann, bin ich mir bewußt. Ich halte aber diesen etwas unpräzisen Oberbegriff immer noch für richtiger als den physikalisch anfechtbaren Ausdruck „Energien". Man könnte zwar ebensogut die Rohmaterialien oder etwa die menschliche Arbeitskraft als Betriebsmittel ansehen, aber in Ermanglung einer besseren Benennung mag es bei den „Betriebsmitteln" sein Bewenden haben.

Die erste und wichtigste Frage, die in dieser Hinsicht beim Bau chemischer Fabriken zu lösen ist, ist die Entscheidung: Eigenerzeugung von elektrischem Strom oder Fremdstrom-Bezug?

In dieser Beziehung durchkreuzen sich zwei diametral entgegengesetzte Entwicklungslinien. Es ist noch nicht lange her, da glaubte man, jede Fabrik ohne eigenes Kraftwerk als Quetsche abtun zu können. Durch die Fortschritte der Elektrifizierung, insbesondere auf Basis von Wasserkräften, ist es heute vielfach billiger, Strom zu kaufen als ihn selbst zu erzeugen. Auf der anderen Seite hat die Heizung mit Abdampf der Eigenstromerzeugung doch wieder einen besonderen Auftrieb gegeben. Kaufleute pflegen da mit der Redensart schnell bei der Hand zu sein, eine solche Frage müsse sich doch durch den Rechenstift entscheiden lassen. So einfach ist die Frage nun wieder nicht und der berühmte Rechenstift und auch die beste Rechenmaschine schützen nicht immer vor Denkfehlern. Der Verfasser kannte ein großes Werk der chemischen Großindustrie, das von einem willkürlich festgesetzten Preis für den selbsterzeugten Strom ausging und dafür einen ziemlich hohen Dampfpreis in Kauf nahm. Ebensogut hätte man den Dampfpreis sich selbst limitieren können und wäre dann zu einem Strompreis gekommen, der für die Elektrolysen des sehr vielseitigen Werkes unerträglich hoch gewesen wäre. Für den Großkonsumenten — der Begriff ist relativ, und für ein Elektrizitätswerk mit ein paar hunderttausend Kilowatt Anschlußleistung kann ein Konsument, der eine Viertelmillion KW-Stunden jährlich verbraucht, noch gänzlich uninteressant sein, während es für ein kleines Elektrizitätswerk eine Lebens- oder zumindest eine Rentabilitätsfrage sein kann, den gleichen Konsumenten als Stromabnehmer zu gewin-

nen — für den Großkonsumenten also gestaltet sich die Frage des
Strombezuges am einfachsten. Gerade gut geleitete Elektrizitätswerke verkaufen Strom gerne unter ihren durchschnittlichen Gestehungskosten, unter welchem Begriff sie die gesamten Auf-
wendungen für Kohle, Löhne, Erhaltung des Netzes, allgemeine
Unkosten und — meist der größte Posten! — Amortisation, geteilt
durch die im Jahre verkauften Kilowattstunden, verstehen. Anderseits pflegen die Elektrizitätswerke auch mit dem Begriff Kosten
„ab Schaltbrett“ zu operieren, worunter sie die Auslagen für Kohle,
Schmieröl, Löhne und Reparaturen der Zentrale selbst, jedoch ausschließlich Regie und Amortisation verstehen. Wie groß der Unterschied ist, zeige ein Beispiel:

Ein mittelgroßes Elektrizitätswerk im Ostrauer Kohlenrevier
hatte vor dem Krieg „Durchschnittskosten“ von Kč 1,11 pro KW-
Stunde, hingegen Kosten von nur Kč 0,14 „ab Schaltbrett“; es ver-
kaufte daher, als ihm von einer chemischen Fabrik mit der Errichtung einer kombinierten Kraft- und Heizanlage gedroht wurde,
gerne den Strom zu Kč 0,40/KWh. Dabei war diese Drohung nicht
einmal sehr ernst gemeint, weil in dem betreffenden Betrieb Kraftbedarf und Dampfverbrauch saisongemäß in weiten Grenzen
schwankten. Erste Voraussetzung für eine wirtschaftliche Abwärme-
verwertung ist aber, daß der Bedarf an Kraft und Dampf
d a u e r n d in einem angemessenen Verhältnis zueinander steht.
So wird sich beispielsweise in einem elektrochemischen Betrieb
die kombinierte Kraft-Dampfwirtschaft nur dann bewähren, wenn
auch noch andere Betriebe mitzuversorgen sind, die einen hohen
Dampfverbrauch bei verhältnismäßig geringem Kraftbedarf aufweisen. Ganz besonders schwierig wird die Entscheidung dieser
Frage in Saisonbetrieben. Eine große Zuckerfabrik hat sie so gelöst, daß sie, wenn der Betrieb ruht, Strom für die Werkstätten
und für Licht zukauft und während der Kampagne den Strom mit
einem entsprechenden Zuschlag in natura in das Netz zurückliefert.
Der Vorteil eines solchen Stromtausches liegt nicht nur auf Seiten
der Zuckerfabrik, sondern auch auf der des Elektrizitätswerkes,
das Strom zusätzlich im Sommer verkauft und ihn im Spätherbst,
also in einer Zeit besonders starker Belastungsspitzen, zurückgelie-
fert bekommt. Vom Standpunkt des Elektrizitätswerkes gesehen,
wirkt also die angeschlossene Zuckerfabrik wie eine Akkumulato-
renbatterie von hoher Kapazität.

In kleineren Betrieben kann es auch von Vorteil sein, während der Hauptbetriebsstunden selbst Strom zu erzeugen und mit dem Abdampf zu heizen und in der Nacht Fremdstrom zu beziehen. Dies um so mehr, als die meisten Elektrizitätswerke gerne Staffeltarife gewähren, die für Nachtstrom Preisermäßigungen bis zu 60 % bieten. Ungünstig sind hingegen Tarife, die aus einer Grundgebühr und einer Stromgebühr bestehen. Die Grundgebühr pflegt bei kleineren Konsumenten nach dem Anschlußwert, bei größeren Verbrauchern nach der monatlich erreichten Stromspitze bemessen zu werden. Beides bringt seine Unbequemlichkeiten mit sich. In Fabriken mit einem größeren Fabrikationsprogramm gibt es stets neben durchlaufenden Betrieben auch solche, die alljährlich nur wenige Wochen laufen. In einem besonders vielseitigen Betrieb, der auch Saisonbetriebe umfaßt, war z. B. im zehnjährigen Durchschnitt die Belastung nur wenig über vierzig Prozent des Anschlußwertes. Es kann also vorkommen, daß durch eine Stromspitze, die nur durch eine Stunde im Monat in Anspruch genommen wird, der Strom für einen ganzen Monat empfindlich verteuert wird. Gefährlich sind auch alle Bestimmungen in Stromlieferungsverträgen, die den sogenannten cos ρ betreffen. Namentlich in einer Fabrik mit vielen Gruppenantrieben pflegt der cos ρ recht schlecht zu sein. Wohin es aber führen kann, wenn die in Stromlieferungs-Verträgen verankerten Strafbestimmungen wörtlich genommen werden, zeigte dem Verfasser ein Vorfall in einer kleinen chemischen Fabrik, wo er sein Erstaunen über die überdimensionierte Außenbeleuchtung äußerte und zur Antwort bekam, dies tue man mit Absicht zur Verbesserung des cos ρ! So, als ob da nicht noch ein Phasenverschieber die billigere Lösung gewesen wäre.

Für die Dampfversorgung gilt als oberste Regel, daß beim Betrieb von Dampfmaschinen oder Dampfturbinen überhitzter Dampf von hoher Spannung zu erzeugen ist, daß es aber keinen Zweck hat, für reinen Koch- und Heizdampf über etwa 10 bis 12 Atü hinauszugehen. Trotzdem in der Literatur schon mehrfach auf die Unzweckmäßigkeit der Heizung mit überhitztem Dampf hingewiesen wurde, wird immer wieder der Fehler begangen, im Interesse geringerer Leitungsverluste mit überhitztem Dampf einen Koch-, Heiz- oder Trockenapparat betreiben zu wollen. Anderseits wäre es natürlich ein Fehler, mit Sattdampf eine Wärmekraftmaschine antreiben zu wollen, deren Abdampf zu Heizzwecken verwendet werden soll. R i e d l e r hat schon vor Jahrzehnten den treffenden

Vergleich geprägt, eine Dampfturbine mit Abdampfverwertung sei ein kraftlieferndes Reduzierventil. Insbesondere die Zucker- und die Zellstoff-Industrie haben in diesem Sinne vorbildliche Anlagen geschaffen. Ein Verdienst der Zellstoff-Industrie war es speziell, daß sie den Beweis geliefert hat, daß kombinierte Kraft-Heizanlagen in Verbindung mit Dampf-Speichern auch dort noch wirtschaftlich sein können, wo die Betriebsverhältnisse insoferne ungünstig sind, als einem konstanten Stromverbrauch ein stark wechselnder Dampfverbrauch gegenübersteht. Solche scheinbar einander widersprechende Voraussetzungen finden sich z. B. in Papierfabriken mit eigener Holzschleiferei und Zellstofferzeugung. Die Schleifer haben einen dauernd hohen Kraftverbrauch, während die in ihren Einheiten immer größer werdenden Zellstoffkocher diskontinuierlich laufen; es herrschen also für einen kombinierten Heiz-Kraftbetrieb scheinbar die denkbar ungünstigsten Vorbedingungen. Aber durch die Zwischen-Dampfspeicherung nach R u t h s wurde das Problem erfolgreich gelöst.

Was die Wahl der Kessel betrifft, so ist in Kraft-Heizanlagen der Hochleistungskessel am Platz. Fabriken, die Strom kaufen und nur Heizdampf benötigen, wählen besser die in ihrer Leistung elastischeren älteren Kesselsysteme, wie den Cornwall- oder Galloway-Kessel. Ein zweckmäßiges Mittelding stellen die Tischbein- und die von dieser Konstruktion abgeleiteten Kessel dar. Sie vereinigen eine hohe Leistung pro Quadratmeter Heizfläche mit einer gewissen Elastizität und reagieren nicht so wie die meisten Wasserrohrkessel auf jede plötzlich eintretende erhöhte Dampfentnahme mit einem Abfall des Betriebsdruckes. Ein Dampfüberhitzer ist aus schon erwähnten Gründen für Krafterzeugung geboten, sonst überflüssig oder schädlich.

Gesetzliche Bestimmungen lassen als zweite Speisevorrichtung für Kessel neben Dampf- oder elektrisch angetriebenen Pumpen auch den Injektor zu. Es gibt aber wohl keine Apparatur, die mehr Ärger verursacht als ein Injektor. Meist wird er nur dann verwendet, wenn die normal verwendete Speisepumpe ausfällt, und versagt totsicher in diesem kritischen Augenblick. Auch das kleinste Kesselhaus sollte stets mit zwei Speisewasserpumpen ausgerüstet sein, von denen eine zweckmäßig mit Dampf, die andere elektrisch angetrieben wird. Diese doppelte Reserve wird wohltätig empfunden, wenn es gilt, nach einer Betriebsunterbrechung nachzuspeisen, ehe noch der für den Betrieb der Dampfpumpe erforderliche

Druck erreicht ist; anderseits ist die Dampfspeisepumpe unentbehrlich für den Fall einer Stromunterbrechung. Im normalen
Betrieb sollen die Speisevorrichtungen stets abwechselnd verwendet werden, um dauernd deren Betriebsbereitschaft unter Kontrolle zu halten. Das gleiche gilt übrigens für alle maschinellen Reserven, mag es sich nun um Pumpen, Kompressoren, Luftpumpen
od. dgl. handeln. Die Leute neigen oft aus Bequemlichkeit dazu,
mit einem Reserveaggregat dauernd zu fahren, wenn an der alter-
nativ zu verwendenden Maschine eine Reparatur erforderlich ist,
ohne die Notwendigkeit einer solchen überhaupt auch nur zu mel-
den. Dadurch wird natürlich der Sinn einer Reserve-Einrichtung
illusorisch gemacht und „das Gesetz der Serie" sorgt schon dafür,
daß man dann plötzlich ohne eine solche Reserve dasteht. Der Auf-
sichtsbeamte hat streng darauf zu sehen, daß Reserveeinrichtungen
auch ständig abwechselnd benützt werden, und eine entsprechende
Organisation hat dafür zu sorgen, für welche Maschinen der den
Betrieb führende Chemiker und für welche der leitende Maschi-
neningenieur bzw. dessen Organe in dieser Hinsicht zu sorgen und
die Verantwortung zu tragen haben. Läßt man es in dieser Beziehung an Genauigkeit, ja an einer gewissen Pedanterie fehlen, so
reißt leicht das verheerende System des sich gegenseitig Auf-
einander-Ausredens ein.

Für das Kesselspeisewasser ist fast immer eine Speisewasser-
Reinigung notwendig. Mitunter muß auch das Fabrikations-, ja sogar das Kühlwasser einer Reinigung oder wenigstens einer Ent-
eisenung unterzogen werden; die letztere kann sich meist auf eine
Belüftung mit nachfolgender Filtration durch Kiesfilter beschränken. Für das Speisewasser ist oft eine Kalk-Soda-Reinigung erforderlich. Gut bewährt hat sich auch, sorgfältige Wartung vorausgesetzt, die sogenannte Permutit-Reinigung, die aber mehr als Fein-
reinigung hinter einer Kalk-Soda-Reinigung in Frage kommt und
als einzige Wasserreinigung zu teuer und zu empfindlich ist.
Im übrigen kommt es weniger auf das gewählte Wasserreinigungs-
System an als auf eine dauernde Kontrolle ihres Funktionierens.
In Großkesselanlagen übernimmt diese Kontrolle ein kleines Hand-
laboratorium im Meßraum des Kesselhauses; in kleineren Verhältnissen übernimmt das analytische Laboratorium auch diese Aufgabe.
Einfach vom chemischen Standpunkt, aber kostspielig gestaltet
sich die Speisewasserpflege bei den modernen Höchstdruck-Kesseln,
weil dort nur die Zuspeisung von reinem, luftfreiem, destilliertem

Wasser zu dem Kondensat zulässig ist. Die Ausführung der Anlage zur Bereitung des destillierten Wassers wird am besten einer Spezialfirma überlassen, die auch die Kessel liefert.

Dort, wo das Speisewasser zu Korrosionen des Kessels neigt, hilft oft in überraschender Weise der sogenannte Gleichstrom-Kesselschutz, bei dem ein schwacher Gleichstrom dauernd den Kessel durchfließt. Als Elektroden dienen einerseits die Kesselwand selbst, anderseits ein beliebiges Stück Alteisen, zweckmäßig in Form von Blech oder altem Gasrohr u. dgl., aufgehängt im Speisewasserbehälter. Die Korrosionen werden dadurch von der Kesselwand auf die zur Vernichtung bestimmte Hilfselektrode übertragen. Die Einrichtung hat sich auch bei hoch korrosiv wirkendem Speisewasser bewährt und erfordert nur einen minimalen Stromverbrauch. Der erforderliche Gleichstrom wird einem Quecksilberdampf-Gleichrichter entnommen. Für kleinere Kesselanlagen bis etwa 200 m² Heizfläche genügen auch Gleichrichter, wie sie für Zwecke des Rundfunks käuflich sind. Bei bereits eingetretenen Korrosionen hilft oft das elektrische Aufschweißen zur Wiederherstellung der ursprünglichen Wandstärke.

An sogenannten chemischen Kesselstein-Verhütungsmitteln gibt es eine Legion. Sie taugen alle mehr oder weniger nichts, wenigstens nicht in dem Sinn, daß sie die Bildung von Kesselstein verhüten könnten. Wohl aber können sie in Fällen nützlich sein, wo es darauf ankommt, den gebildeten Kesselstein leichter entfernbar zu machen. Schutzkolloide können bewirken, daß ein größerer Teil des Steins beim Abschlammen mit fortgeführt wird. Ein Innenanstrich des Kessels mit Graphit nach der periodischen Reinigung des Kessels erleichtert die Entfernung auch des sosehr gefürchteten, zähharten Kesselsteins. Es ist vielfach üblich, die Reinigung eines Kessels im Akkord zu vergeben, doch ist dies nur zweckmäßig, wenn der Kessel nach der Reinigung von einem zuverlässigen Aufsichtsbeamten befahren wird.

Die Ausstattung einer Kesselanlage mit Meßinstrumenten hat schließlich dazu geführt, daß moderne Kesselhäuser mit eigenen Meßräumen ausgestattet werden. Wenn genügende Mittel zur Verfügung stehen, kann natürlich ein Zuviel an Meßinstrumenten kaum schaden. Aber auch unter kleineren Verhältnissen wird sich auf jeden Fall die fortlaufende Beobachtung der Speisewassertemperaturen vor und nach dem Speisewasservorwärmer und der Fuchstemperatur verlohnen. Wichtiger noch ist ein Kohlensäureschreiber, der stets so angebracht sein sollte, daß er vom Heizerstand aus abgelesen werden kann, ein Warmwassermesser für das Speisewasser und das Abwiegen der verheizten Kohle, gleichviel ob es sich um Hand- oder mechanische Feuerung handelt. Der Quotient aus dem verdampften Speisewasser, geteilt durch die Menge der verheizten Kohle, ergibt ohne weiteres die Verdampfungsziffer. Der „Heizversuch", der früher eine feierliche Angelegenheit war, wird so zu einer dauernden Einrichtung. Diese fortlaufende Kontrolle der Verdampfungsziffer ist auch die beste Unterlage für den Kohleneinkauf und die gerechteste Basis für eventuelle Heizerprämien. In normalen Zeiten ist natürlich die Feuerungsanlage auf einen bestimmten Brennstoff zugeschnitten. In Zeiten der Kohlenknappheit — und jüngere Fachgenossen werden leicht in Versuchung geraten, solche Ausnahmszustände für den Normalfall zu halten — ergibt sich oft die unangenehme Notwendigkeit, den Brennstoff nach Herkunft, Körnung und Heizwert wechseln zu müssen. Insbesondere der Ersatz von Stückkohle durch Staubkohle auf derselben Feuerung ist immer eine bedenkliche Sache. Die Erfahrung lehrt, daß der Preisvorteil von Staubkohlen oft durch deren höheren Aschengehalt aufgewogen wird. Die schönste Heizwertbestimmung in der Kalorimeterbombe im Laboratorium nützt nichts, wenn in der Asche im Betrieb zu viel Unverbranntes übrig bleibt. Die Untersuchung der Asche und Schlacke ist stets lehrreich und bringt oft unangenehme Überraschungen mit sich. 40 % Unverbranntes sind keine Seltenheit, wenn z. B. Staubkohle auf Planrosten ohne Unterwind verheizt werden muß. Die alte Heizerregel, daß jedes Prozent Asche die gleiche Menge unverbrauchten Brennstoff mit in die Schlacke nimmt, gilt auch heute noch. Leider sind seit dem Krieg Gruben und Kohlenhändler nicht mehr dazu zu bringen, daß sie einen maximalen Aschengehalt ihrer Kohle garantieren. Vielleicht aber ist die Zeit nicht mehr ferne, wo man als Einkäufer wieder der stärkere Geschäftspartner ist, und dann verlohnt es sich, hinsichtlich des Aschengehaltes wieder ein „unangenehmer Kunde" zu sein und unbarmherzig jede Lieferung zur Verfügung zu stellen, die nicht den vereinbarten Qualitätsbedingungen entspricht.

Sondereinrichtungen im Kesselhaus sind für diejenigen Betriebe unentbehrlich, die Kondenswasser für Betriebszwecke, also als Ersatz für destilliertes Wasser, benötigen. Der Dampf reißt stets Wassertröpfchen mit sich, die ihn verunreinigen und als Ansatz- und

Waschwasser in Feinchemikalienbetrieben unbrauchbar machen. Die Erfahrung lehrt aber, daß in einem größeren Fabriksterritorium das Kondenswasser desto reiner ist, je weiter die Dampfentnahmestelle vom Kesselhaus entfernt ist. Umgekehrt liefern die Kondenstöpfe desto unreineres Kondensat, je näher sie sich dem Kesselhaus befinden. Diese Beobachtung bietet den Weg zur Remedur. Führt man den Dampf schon im Kesselhaus durch ein weites, mit Raschig-Ringen gefülltes Rohr, genannt Dampfwäscher, so tritt der von unten nach oben eingeführte Dampf noch stark chlorhältig ein, verläßt hingegen den Wäscher oben vollkommen chlorfrei.

Die Apparatur.

Diesem Abschnitt sei eine kurze Bemerkung über die Baustoffe des chemischen Apparatebaus vorausgeschickt. Es kann nicht der Zweck dieses Buches sein, im einzelnen die Widerstandsfähigkeit jedes Baustoffes gegen alle möglichen chemischen Einwirkungen darzulegen. Angaben hierüber findet der in der Praxis stehende Chemiker nicht nur in der Chemiehütte und in dem vorzüglichen Taschenbuch von d' A n s, in den Werkstoffen der Chem. Apparate von H. Freytag, in den Werkstofftabellen von R i t t e r und a. a. O., sondern auch in den Werbeschriften der Erzeuger, z. B. in dem Aluminiumhandbuch u. dgl. Es sollen daher nur einzelne Erfahrungen wiedergegeben werden, die der Verfasser selbst in dieser Hinsicht gemacht hat.

Wie schon im baulichen Teil erwähnt, ist die Widerstandsfähigkeit von Holz in vielen Fällen ganz erstaunlich groß. Nun ist ja zwar Holz kein im chemischen Sinn definierter Baustoff, und man wird von Fall zu Fall sorgfältig prüfen müssen, welches Holz man verwendet. Man wird nicht immer gleich zu dem heute leider schwer erhältlichen, aber unverwüstlichen Pitch-Pine-Holz greifen müssen. Auch die meisten europäischen Kiefernholzarten sind für viele Zwecke gut brauchbar. Im Zweifelsfalle läßt man aus dem in Aussicht genommenen Holz kleine Bottiche oder Fäßchen von wenigen Litern Inhalt herstellen und prüft unter betriebsmäßigen Bedingungen einerseits die Widerstandsfähigkeit des Holzes, anderseits die Reinheit des hergestellten Produktes. Man wird in vielen Fällen angenehme Überraschungen erleben, namentlich in der Hinsicht, daß die Widerstandsfähigkeit des Holzes erst nach einiger Zeit ihr Maximum erreicht. Einen Nachteil von Holz als Baustoff muß man allerdings in Kauf nehmen: Aus bekannten Gründen müssen Holzbottiche tunlichst konisch und nicht zylindrisch ausgeführt werden; die zylindrische Form ist jedoch dort möglich und geboten, wo der Holzbottich nur als tragender Körper für ein an sich dichtes Futter aus säurefestem Stahlblech od. dgl. dienen soll. Bekannt ist, daß Schmiedeeisen bei völliger Abwesenheit von Wasser sogar gegen Salzsäuregas beständig ist. Die säurefesten Stähle bewähren sich selbst in Fällen, wo die Theorie eigentlich das Gegenteil erwarten ließ. So konnte der Verfasser mehrere Tonnen metallisches Silber in einer V-2-A-Schale in Salpetersäure lösen, ohne daß diese Schale ein Anzeichen von Korrosion zeigte oder merklich an Gewicht abnahm. Voraussetzung für die Haltbarkeit von Gefäßen aus säurefestem Stahl ist allerdings, daß man solche nur „mit sich selbst schweißt". Jeder Versuch, Schweißdrähte, wenn auch solche bester Qualität, aber anderer Zusammensetzung als das zu schweißende Blech zu verwenden, kann zu schwersten Korrosionen führen.

Steinzeug ist weniger empfehlenswert, als man annehmen sollte. Ganz abgesehen davon, daß es mit der sogenannten Wärmebeständigkeit auch der Spezialsorten nicht weit her ist, wird Steinzeug auch von kalter Salzsäure mit der Zeit angegriffen. Schließlich wird es schwammig, und Tourills, die jahrelang im Betrieb waren, kann man mit der Säge schneiden. Flüssigkeitsdicht sind solche gealterte Steinzeuggefäße schließlich nur mehr, wenn die Glasur vollkommen unverletzt ist. Das allgemein übliche rote Steinzeug gibt im neuen Zustand monatelang Eisen an Salzsäure ab.

Ein einheitliches Urteil über emaillierte Geräte ist schwer zu fällen, denn es gibt fast so viele Emailsorten, als es Lieferanten gibt. Nicht immer trifft den Hersteller der Emaillierung die alleinige Schuld an Mißerfolgen. Es wird manchmal viel zuwenig beachtet, daß die Beständigkeit emaillierter Gefäße nicht nur von der chemischen Beschaffenheit der Emaille abhängt, sondern mindestens ebensosehr von der Formgebung der zu emaillierenden Gußgeräte. So halten z. B. Emailschalen in Halbkugelform oder in der von Kugelkalotten ungleich länger als die üblichen Koch- und Verdampfschalen, namentlich wenn sie oben eingezogen sind. Viel zuwenig wird noch von Glasemail Gebrauch gemacht. Es hat den Vorteil, daß es auch auf schmiedeeisernen Geräten aufgebracht werden kann. Wo gar kein anderes Material hält, ist häufig Quarzglas am Platz. Ursprünglich nur im Laboratorium verwendet, hat es sich inzwischen zu einem für viele Zwecke unentbehrlich gewordenen Baustoff auch in der chemischen Großindustrie seinen Platz erobert. In der Form der alten Hartmann-Benker-Konzentrationen erbaute Quarzglaskaskaden leisten vorzügliche Dienste beim Eindampfen von stark korrodierenden Flüssigkeiten.

Auch in den Gummierungen steht namentlich für niedrige Temperaturen ein in neuester Zeit unentbehrlich gewordener Baustoff zur Lösung schwieriger Baustoff-Fragen im chemischen Apparatebau zur Verfügung.

Bei Rohrleitungen zum Transport von Lösungen und bei Röhren für Kühler, Dephlegmatoren u. dgl. kann sich Kupfer trotz seines an sich höheren Preises auf die Dauer oft billiger stellen als Eisen. Bei der Wahl zwischen zwei Baustoffen ist auch stets der Altmaterialwert im Falle des Austausches zu berücksichtigen. Während man für Alteisen in Form von Blechen, Röhren u. dgl. nur einen kleinen Bruchteil des Neuwertes erzielt, behält Altkupfer den größten Teil seines Neuwertes, ja für einen Erzeuger von Kupfersalzen kann Altkupfer unter Umständen mehr Wert haben als neues Hüttenkupfer. Viel zuwenig werden noch Glasleitungen verwendet. Der Verfasser konnte in einem weitläufigen Betrieb, in dem Salzsäure aus einem hochgelegenen Speicher ursprünglich in Steinzeug-Rohrleitungen den einzelnen Verbrauchsstellen zugeführt wurde, diese, die immer wieder an den Flanschen undicht wurden, durch Glasleitungen ersetzen, wobei er die angenehme Überraschung erlebte, daß die als Muffen verwendeten Weichgummi-Schlauchstücke mehr als ein Jahrzehnt aushielten, ohne einer Erneuerung zu bedürfen.

Aluminium kann, gleichviel ob es sich um Rohrleitungen oder um andere Verwendungszwecke handelt, ein hochwertiger Baustoff sein oder zu schweren Enttäuschungen führen, je nachdem man sich genau an die von den Erzeugern angegebenen Beständigkeitsziffern gegenüber verschiedenen Beanspruchungen hält. Bei keinem anderen Metall ist der Unterschied zwischen Reinmetall und Reinstmetall derart groß wie gerade beim Aluminium. Ähnliche Verhältnisse scheinen übrigens auch beim Blei vorzuliegen, doch ist hierüber noch nicht soviel gearbeitet und vor allem noch nicht soviel publiziert worden wie gerade beim Aluminium.

Auf die einzelnen Apparaturen übergehend, sei zunächst an das Vorwort dieses Buches erinnert: Nicht die Beschreibung der unzähligen Typen der chemischen Apparate soll der Zweck der nachstehenden Ausführungen sein, sondern vielmehr die notwendigerweise unvollständige, aber für den Praktiker um so wertvollere Darstellung der Erfahrungen, die mit den einzelnen Maschinen und Apparaten gemacht wurden.

Über Koch- und Reaktionsgefäße ist im allgemeinen nicht viel zu sagen. Andere als Baustoff-Fragen treten hier selten auf. Weniger läßt sich das von den zugehörigen Rührern behaupten. Bei der einstmaligen Vorherrschaft oder, besser gesagt, Alleinherrschaft des Ankerrührwerks hat man oft ganz vergessen, daß ein Rührer ganz verschiedenen Zwecken zu dienen hat, für die es eine Universalausführung nicht gibt. Reaktionsbeschleunigung, Mischen, Emulgieren, Kneten, das alles sollte einst „der" Rührer leisten. Relativ universell wirken noch, wenn man von dem Mischen hochviskoser Gemische absieht, Rührwerke vom Typus des bekannten Taifunrührers. Für das Mischen großer Flüssigkeitsmengen ist das Umpumpen oft zweckmäßiger als das Rühren. In einer ausgedehnten und sehr vielseitig arbeitenden chemischen Fabrik hat der Verfasser mit Erfolg den Versuch gemacht, einen Kesselwagen mit einer angebauten, elektrisch angetriebenen Zentrifugalpumpe als fahrbare Mischvorrichtung einzusetzen. Diese Einrichtung, anfangs nur belächelt und bespöttelt, wurde alsbald unentbehrlich und konnte sich der Anforderungen der einzelnen Betriebe kaum erwehren.

In manchen Fällen ist der beste Rührer — Preßluft. Es kommt oft nicht sosehr auf die durchgeblasene Menge als auf die feine Verteilung der Luft an. In einem solchen Fall wäre es natürlich verfehlt, sich der traditionellen perforierten Rohrschlange zu bedienen; wirksam ist es hingegen, wenn man die Luft durch ein Seißfilter austreten läßt.

Für die Trennung einer festen von einer flüssigen Phase ist vor allem zwischen Zentrifugen und Filterpressen die Wahl zu treffen, wenngleich in Fabriken, die Präparate in ganz kleinen Einheiten erzeugen, auch der gute alte Kolierbeutel unserer alchemistischen Vorfahren seine Berechtigung haben mag. Es gibt wohl in jeder größeren chemischen Fabrik eine Filterpressen- und eine Zentrifugen-„Partei". Jedes der beiden Trennungsverfahren hat seine Vor- und Nachteile. In puncto Bedienung sind Zentrifugen, namentlich solche mit Untenentleerung, zweifellos den Filterpressen überlegen. Aber nicht jeder Niederschlag eignet sich dazu, „geschleudert" zu werden. Im allgemeinen wird ein Niederschlag in der Zentrifuge sich desto störrischer verhalten, je feinkörniger er ist, ganz besonders, wenn zu der Feinkörnigkeit noch ausgesprochene isodisperse Struktur und hohes spezifisches Gewicht des Niederschlages treten. Es müßte an sich möglich sein, aus dem spezifischen Gewicht der flüssigen Phase, dem der festen Phase, der Körnungskurve u. dgl. die Filtrierbarkeit eines Niederschlages mathematisch abzuleiten, aber schon die Einführung einer Körnungs„kurve" in die Gleichung macht Schwierigkeiten, und nicht viel geringere, daß auch die Kristallform bzw. die Form der mikrokristallinen Teilchen eine fördernde oder hemmende Rolle spielt. Man wird daher in jeder größeren chemischen Fabrik im Versuchsraum eine kleine Zentrifuge, eine Versuchs-Filterpresse und wenn möglich auch ein Versuchszellenfilter haben, auf dem vor Errichtung einer neuen Anlage durch praktische Versuche festgestellt werden kann, welche Trennungsmethode die geeignetste ist. Einen Vorteil haben die Zentrifugen jedenfalls, daß das Filtergut mit geringem Aufwand an Waschwasser ausgewaschen werden kann. Auch die Filterpressen mit „vollständiger Auslaugung" ermöglichen nur das Auswaschen mit Wasser oder einer entsprechenden Waschflüssigkeit von einem ziemlichen Volumen, während man in der Zentrifuge mit einem verdüsten Schleier von Waschflüssigkeit waschen kann, der es selbst bei leicht löslichem Filtergut ermöglicht, oft mit überraschend geringer Menge an Waschwasser auszukommen. Ganz besonders willkommen ist dies in jenen Fällen, wo das Filtrat wiedergewonnen werden und eingedampft werden muß. Einen kontinuierlichen Betrieb, wie er bei der Bewältigung größerer Mengen stets anzustreben ist, ermöglichen freilich weder Filterpressen noch die Zentrifugen, es sei denn jene mit kontinuierlich wirkender Austragung, die sich aber meines Wissens nur in der Erzeugung billiger Massengüter bewährt haben, weil kleine Verluste an Filtergut bei ihnen nicht zu vermeiden sind. Es war daher verständlich, daß die rotierenden Zellenfilter einen wahren Siegeszug durch die chemische Industrie halten konnten. Am besten haben sich nach des Verfassers Erfahrungen jene Typen bewährt, bei denen ein entsprechend geformter Steuerkopf es ermöglicht, auf einem Teil des Umfangs der Trommel das Filtergut anzusaugen und zu waschen, auf einem anderen, kleineren Teil des Umfangs Druckluft einzuführen und den Filterkuchen ein wenig abzuheben, ohne daß es einer besonderen Vorrichtung hiezu bedarf. Denn das Abheben von dem Filter bzw. von dessen Bespannung ist noch immer bei vielen, insbesondere besonders feinkörnigen Niederschlägen ein wunder Punkt bei den sonst so vorzüglichen Zellenfiltern. Der Kuchen soll sich beim Passieren der Druckluftzone freiwillig und vollständig von der Filterbespannung ablösen. Tut er dies nicht, so ist die wirksame Oberfläche des Zellenfilters alsbald verschmiert; die Leistung geht zurück und

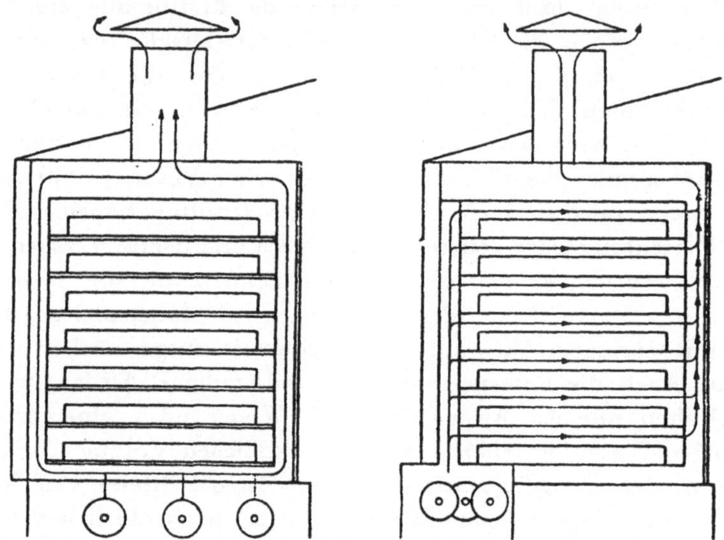

Abb. 4 und 5. Trockenschränke.

die Auswaschung funktioniert nicht mehr richtig. Durch die übliche Reinigung des Filtertuches durch Bürsten u. dgl. macht man die Sache leicht noch schlimmer.

Sehr vielfältig sind die Anforderungen an die Trocknungsanlagen in chemischen Betrieben. In kleinsten Verhältnissen behilft man sich mit Trockenstuben. Trotz hohen Lohnaufwandes für das Beschicken und Entleeren können sie für das Trocknen kleiner Mengen oft nützlich sein, vorausgesetzt, daß man nicht in den immer wieder vorkommenden Fehler verfällt, die Heizkörper unter die Trockenhürden zu verlegen (Abb. 4). Die Heizkörper gehören vielmehr hinter die Hürden, wie dies die Abb. 5 zeigt. Während bei dieser Anordnung die warme Luft gezwungen ist, über das Trockengut zu streichen, geht sie bei der Fehlinstallation nach Abb. 4, durch die Hürden abgelenkt, an diesen unausgenützt vorbei. Solche primitive Trockenkammern werden insbesondere in Versuchsräumen oft gute Dienste tun, weil sie die Beobachtung

des Trockengutes und die Probenahme während des Trocknungs-
vorganges sehr erleichtern. Ein Mittelding zwischen Trockenkammern und den modernen, kontinuierlich arbeitenden Trockenappa-
raten ist der sogenannte Kanaltrockner, wie er insbesondere in der ke-
ramischen Industrie für die verschiedensten Temperaturbereiche üblich ist. Er ist in bezug auf den Lohnaufwand nicht sparsamer als

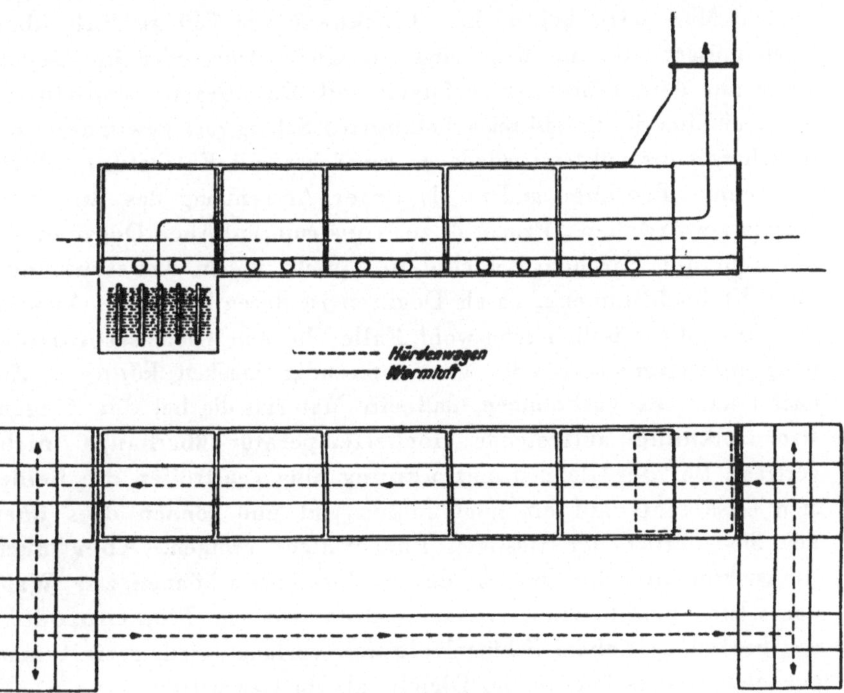

Abb. 6. Kanaltrockner.

Trockenkammern, aber er ermöglicht es, seine Hürdenwagen
außerhalb der Trocknung zu beschicken und nützt dadurch den
Trockenraum besser aus und ermöglicht es, durch Wärmeführung
im Gegenstrom ökonomischer zu arbeiten. Zur weiteren Steige-
rung der Wärmeökonomie ist es vielfach auch üblich, einen Teil
der warmen, aber mit Wasserdampf noch nicht gesättigten Abluft
zurückzunehmen, ein Gedanke, dem man vom theoretischen Standpunkt nur zustimmen kann. Verzichtet man aber auf diese Anordnung, was die Bedienung und Überwachung sehr erleichtert,
so kann man noch einen Schritt weitergehen und man wird finden, daß auch die üblichen Ventilatoren überflüssig sind. Ein
mehrfach gemäß Abb. 6 ausgeführter Kanaltrockner zeigte einen

so ausgezeichneten natürlichen Zug, daß in das Abzugsrohr für die Abluft ein Drosselschieber eingebaut werden mußte, um nicht zu viel und daher zu kalte Luft durch den Kanal zu saugen.

Den Trockenschränken und Kanaltrocknern in der Bedienung überlegen und auch für größere Leistungen geeignet sind die Trommeltrockner mit Innenheizung, insbesondere solche mit Rieseleinbauten. Man wird bei solchen Trocknern von Fall zu Fall überlegen müssen, ob die Beheizung im Gleichstrom oder im Gegenstrom mit dem Trockengut erfolgen soll. Das „Gegenstromprinzip" ist ja ein bis in Laienkreise bekanntes Schlagwort geworden und mancher Konstrukteur würde es zunächst mit Entrüstung ablehnen, einen Trockner anders als unter Anwendung des ihm zum Dogma gewordenen „Prinzips" zu konstruieren. Aber Dogmen gehören in die Kirchengeschichte und nicht in ein Konstruktionsbüro. Und schlimmer noch als Dogmen ist deren kritiklose Anwendung. Es gibt nämlich sehr wohl Fälle, die eine Gleichstromtrocknung wünschenswert oder gar notwendig machen können. Zunächst kann es vorkommen, daß ein Material die bei der Gegenstromtrocknung auftretende Höchsttemperatur überhaupt nicht verträgt. Bei der Gleichstromtrocknung hingegen treffen die heißesten Gase stets auf ein noch naßes Gut und können dies über den Siedepunkt der flüssigen Phase* nicht erhitzen. Aber auch Rücksichten auf die Qualität des Endproduktes können zur Wahl der Gleichstromheizung zwingen. Dort, wo ein Trockenprodukt von besonders hohem Schüttelvolumen verlangt wird, erzielt man ein solches stets leichter im Gleich- als im Gegenstrom.

Sehr teuer in der Anschaffung, aber rationell im Betrieb sind die Vakuum-Walzentrockner. Speziell für giftige Stoffe gibt es wohl keine zweckmäßigere Trockeneinrichtung, zumal schon Sonderausführungen gebaut werden, die es ermöglichen, fertig gepackte Fässer ohne Aufhebung des Vakuums aus dem Trockenapparat auszuschleusen.

Zerstäubungs-Trockenapparate stellen in gewissem Sinn das betriebsmäßige Gegenteil der Vakuum-Walzentrockner dar. Sie sind in der Anschaffung nicht allzu teuer, denn man kann sie bei Bezug der Zerstäubungsdüse durch eine Spezialfirma leicht selbst bauen, aber der Betrieb stellt sich auf alle Fälle teuer. Auch die Bedienung erfordert große Aufmerksamkeit. Als allgemein verwendbare Trockenapparate konnten sich die Zerstäubungstrockner nicht einführen, für gewisse Spezialzwecke, z. B. Trocknung reversibel löslicher Kolloide, sind sie unentbehrlich.

Als ein Kuriosum sei noch ein originelles, aber für die meisten Zwecke wohl zu teueres Verfahren zur Erzielung einer äußerst feinen Verteilung des Trockengutes bei der Zerstäubungstrocknung erwähnt, das darin besteht, daß der zu verdampfenden Flüssigkeit Ammoniumnitrit beigegeben wird, das noch unter der Verdampfungstemperatur, die im Zerstäubungstrockner herrscht, sich in Wasserdampf und Stickstoff zersetzt und die einzelnen Nebeltröpfchen weiter zerreißt. Ob das in einer Patentanmeldung der ehemaligen I. G. vorgeschlagene Verfahren irgendwo praktische Anwendung gefunden hat, ist nicht bekanntgeworden.

Die Verdampfungsapparate werden heute mit Ausnahme jener Fälle, wo die Temperatur besonders hoch liegen muß, wie etwa bei der Endverdampfung von Ätzalkali-Laugen, wohl nur mit Dampf beheizt. Eine Ausnahme bilden jene Fälle, wo die heißen Restgase einer Feuerung auszunützen sind. Hier empfehlen sich, soferne genügend Raum zur Verfügung steht, die Gegenstrom-Kaskadentrockner. Bei Vakuumverdampf-Anlagen werden aus Gründen der Wärme-Ökonomie wenn möglich Zwei- bis Fünfkörper-Verdampfer verwendet. Als Vorverdampfer zum Einengen von Laugen, Salzlösungen u. dgl. sind die Mehrkörper-Verdampfapparate geradezu unentbehrlich geworden. Schwierigkeiten ergeben sich mitunter dort, wo im Vakuum bis zur beginnenden Kristallisation einzudampfen ist. Wohl gibt es zahlreiche mehr oder weniger sinnreiche Vorrichtungen, um während des Betriebes einen ausgefallenen Kristallbrei auszutragen, aber keine funktioniert dauernd störungsfrei und keine kann das lästige Versteinen der Heizrohre verhindern. Man hilft sich in solchen Fällen besser so, daß man die noch nicht gesättigte Lauge noch heiß in einen Kristallisations- oder Trockenapparat überführt. Viel zuwenig Gebrauch wird noch von der Möglichkeit der Vakuumverdampfung im einseits offenen Rohr nach dem abgelaufenen DRP 11.564 gemacht. Die Apparatur ist von einer verblüffenden Einfachheit; sie hat den einzigen Nachteil einer ungewöhnlichen Bauhöhe. Abb. 7 zeigt schematisch einen solchen Verdampfer. Wie man sieht, können die ausgefallenen Kristalle ohne Schwierigkeit aus der offenen Bodenpfanne ausgekrükt oder durch eine Transportschnecke entfernt werden. Ein weiterer Nachteil der Vakuum-Verdampfapparate ist zwar nicht prinzipieller Natur, kann aber dem

Betriebsleiter doch viele bittere Stunden bereiten: das bei manchen Flüssigkeiten nicht zu bändigende Schäumen der kochenden Lösungen. Es gibt zwar alle möglichen Konstruktionen von Schaumfängern, aber es gibt ebenso viele Lösungen, bei denen kein Schaumfänger hilft. Das gleiche gilt für die im Handel befindlichen Schaumbekämpfungsmittel. Manchmal, z. B. bei Holzkalklösungen, hilft genaues Neutralisieren der einzudampfenden Lösung, während Überschuß an Kalk zu heftigem Schäumen führt. Manchmal hilft auch ein Durchkochenlassen durch ein auf der Oberfläche der zu verdampfenden Flüssigkeit befindliches kleines Quantum Weichparaffin. Wo alle diese Hausmittel versagen, hilft nur besonders aufmerksame Bedienung, ständige Kontrolle des Kondensats aus den Kondenstöpfen und — in verzweifelten Fällen — vorübergehende Aufhebung des Endvakuums u. dgl. Bei einer Neuanlage zur Verdampfung stark schäumenden Materials wird daran zu denken sein, ob man nicht zu den in der Zuckerindustrie viel verwendeten Kletter-Verdampfapparaten greift. Daß übrigens ein heller Kopf auch aus einer Verlegenheit, wie sie das Schäumen vieler Flüssigkeiten verursacht, einen Vorteil herausholen kann, hat W o. O s t w a l d mit seiner Reinigung und Trennung durch Zerschäumung bewiesen, dies sei an dieser Stelle nur so nebenbei bemerkt.

Die Kristallisation erfolgt bekanntlich entweder in der Ruhe oder in Bewegung. Nur die letztere Art erfordert eine eingehendere Besprechung. Wo es sich um große Leistung ohne Rücksicht auf Form und Größe der Kristalle handelt, empfehlen sich die Rhomboidkristallen der Sacharin-Industrie der Fall ist, leisten zelkristalle gefordert werden, wie dies z. B. bei den sogenannten Rhomboidkristallen der Sacharin-Industrie der Fall ist, leisten die pendelnden Kristallisierwiegen bessere Dienste. Die höhere Leistung weisen natürlich die ersteren auf, schon deswegen, weil sie gewöhnlich auf einmaligen Durchgang des Materials gebaut sind und nötigenfalls unter künstlicher Kühlung ein möglichst hohes Temperaturgefälle ausnützen. Bei den Kristallisierwiegen hingegen arbeitet man zuweilen nur in einem Temperaturbereich von wenigen Graden, läßt die Lauge kreiseln und führt sie außerhalb der Wiege durch ein Verstärkungsgefäß, dessen Temperatur nur wenig höher gehalten wird als jene der Umlauflauge. In besonderen Fällen werden Kristallisierwiegen auch noch sorgfältig isoliert, während bei Rohrkristallern in der Regel die Isolierung verfehlt

wäre. Dem gleichen Zweck wie die Rohrkristaller dienen auch
noch die sogenannten Kaltrührer. Bei diesen tritt häufig der Übelstand auf, daß die Kühlflächen, gleichviel ob es sich um Mantel-
kühler oder um Kühlschlangen handelt, vorzeitig von Kristallen
bedeckt werden und dann die Kühlwirkung zu wünschen übrig
läßt. Eine teilweise Abhilfe für diesen Übelstand, der natürlich

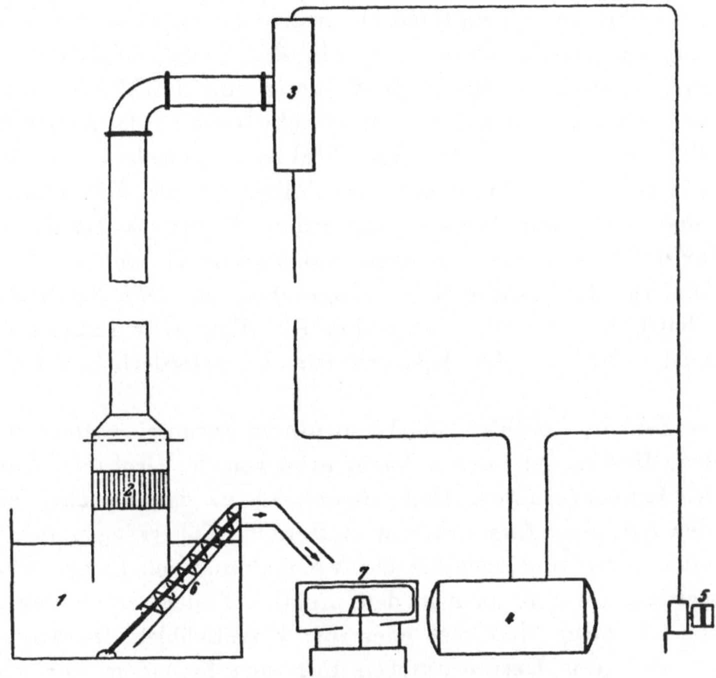

Abb. 7. Vakuum-Verdampfung im offenen Rohr.

von Operation zu Operation schlimmer wird, erreicht man bei
vielen Kristallen durch eine vibrierende Aufhängung der Kühlschlangen. Auch Weichgummiröhren, deren Kühlwirkung immerhin besser ist, als man annehmen sollte, konnte der Verfasser bei
einer improvisierten Anlage einmal mit Erfolg verwenden; die
Entfernung angewachsener Kristalle ist bei solchen im Vergleich
zu Eisen-Bleiröhren u. dgl. natürlich ein Kinderspiel.

Eines wenig bekannten Verfahrens zum Umkristallisieren sei
hier noch gedacht, das allerdings nur für Kristalle geeignet ist,
die sich in organischen Lösungsmitteln lösen. Es handelt sich um
das sogenannte Umkristallisieren in der Schwebe. Das Prinzip sei

hier an einem Beispiel erläutert. Es ist bekanntlich sehr schwierig, die sogenannten „Portionskörnchen“, wie sie namentlich bei Azetylsalizylsäure vor den Nadeln bevorzugt werden, herzustellen. Sogar die Kristallisierwiege versagt hier und schon gar ein Kaltrührer, weil bei hoher Umdrehungszahl nur Pulver entsteht, bei niederer Tourenzahl die Kristalle sich zu Boden setzen und sich nicht mehr nach allen Seiten frei ausbilden können. Da hilft nur eines: Umkristallisieren aus einem Gemisch zweier Lösungsmittel, von denen das eine spezifisch schwerer ist als die Azetylsalizylsäure selbst, das andere leichter, also z. B. Eisessig und Trichloräthylen. Das Gemisch wird genau auf das spezifische Gewicht der Kristalle eingestellt. Geimpft wird das erste Mal mit gemahlenen Kristallen, bei späteren Operationen mit abgesiebten kleinen Körnchen. Nun läßt man bei ganz langsam laufendem Rührwerk erkalten. Die Impfkristalle schweben in dem Lösungsmittel und wachsen so langsam zu den gewünschten Kügelchen an. Das Verfahren ist wirtschaftlich, denn der Mehrerlös für diese sehr gesuchten Kristalle ist höher als der Aufwand für die erforderlichen Lösungsmittel.

Die Zahl der Mühlen, welche in einem chemischen Betrieb Verwendung finden, ist Legion. Wenn man von der Grobzerkleinerung durch Hammermühlen, Backenbrechern u. dgl. absieht, ebenso von den auf dem Aussterbeetat stehenden Kollergängen und Walzenmühlen, die nur noch für die Vermahlung von Pasten verwendet werden, so wird man in den meisten Fällen mit Schlagkreuzmühlen mit oder ohne Sieb oder mit Kugelmühlen das Auslangen finden. Bei den Desintegratoren hat sich besonders der Zusammenbau mit Windsichtern bewährt. Die Kugelmühle mit ihrer leichten Reinigungsmöglichkeit ist die gegebene Zerkleinerungsvorrichtung in kleineren oder Versuchsbetrieben. Im Großbetrieb ist sie besser durch Stabmühlen zu ersetzen, denn in der Stabmühle berühren sich die einzelnen Stäbe untereinander und mit der Wand in Linien, in der Kugelmühle hingegen, wenigstens theoretisch, nur in einem Punkt. Es ist ohne weiteres klar, daß die Mahlwirkung im ersteren Fall günstiger sein muß. Wo es auf die Einhaltung einer bestimmten Teilchenfeinheit ankommt, hilft man sich durch Sieben, Windsichten oder Schlämmen.

Für die äußerste Feinmahlung fester Körper durch Naßvermahlung ist die Technik der letzten Jahrzehnte merkwürdigerweise auf zwei vollkommen verschiedenen, ja scheinbar entgegengesetzten Wegen bemüht gewesen, zum Ziele zu kommen. B e r g l und R e i t s t ö t t e r haben vorgeschlagen, extrem langsamlaufende Kugelmühlen zu verwenden, so daß das Mahlgut zwischen dem Gehäuse und den am Boden der Mühle ruhig liegenden Kugeln zerrieben wird. Qualitativ ist die Wirkung dieses Mahlverfahrens ganz ausgezeichnet. Man kann in einer B e r g l - R e i t s t ö t t e r - Mühle auch aus schwer dispergierbaren Stoffen zu echten kolloidalen Lösungen kommen; die quantitative Leistung ist allerdings so unbefriedigend, daß sich dieses Mahlverfahren in die Großtechnik nicht einzuführen vermochte.

Den umgekehrten Weg, den der höchsten Drehzahlen, schlugen H. P l a u s o n und B. B l o c k ein. Die von ihnen konstruierte sogenannte Kolloidmühle, die dann von K a i s e r und A u s p i t z e r wesentlich verbessert wurde, brachte es zu ganz ansehnlichen Leistungen. Trotzdem ist die Kolloidmühle heute aus dem Maschinenpark vieler ehemaliger Benützer wieder verschwunden; bewährt hat sie sich auf die Dauer nur dort, wo das Mahlprodukt in Pastenform verlangt wurde. Die Rücktrocknung solcher, auf der Kolloidmühle hergestellter Dispersionen macht meist große Schwierigkeiten. Je feiner die Teilchen des Trockengutes sind, desto mehr neigen sie zur Bildung grober Sekundärteilchen. Dies geht so weit, daß man beispielsweise ein Röntgenbarium grob fällen muß, wenn man es zu einem fein vermahlbaren Pulver trocknen will. Mit der äußersten Feinmahlung in der Kolloidmühle und einer noch so schonenden Rücktrocknung, sei es auch im Vakuum- oder Zerstäubungstrockner, ist also nichts zu erreichen. Zwei Anwendungsgebiete hat die Kolloidmühle siegreich behauptet, zunächst, wie schon erwähnt, die Herstellung von Pasten, anderseits die Durchführung von Reaktionen, die bei gewöhnlichen Rührwerken ausbleiben und an eine maximale Teilchengröße des einen Reaktionspartners gebunden sind.

Die Mischmaschinen sind in vielen chemischen Fabriken wahre Stiefkinder. Oft findet man in sonst gut eingerichteten Anlagen Kugelmühlen zum Vermischen zweier fester Stoffe, die keiner Zerkleinerung mehr bedürfen. Oder man verwendet gedankenlos den „Werner-Pfleiderer", der, so vorteilhaft er zur Verarbeitung hochviskoser Stoffe in der Pulver- und Kunststoff-Industrie ist, doch eigentlich eine Knet- und keine Mischmaschine ist. So findet man oft drei bis vier Werner-Pfleiderer für eine Arbeit, die ein Eirich-Mischer rascher und gründlicher verrichten

würde. Umgekehrt wird der Werner-Pfleiderer noch viel zuwenig dort angewendet, wo es gilt, zwei Reaktionspartner, von
denen der eine schwer löslich ist, miteinander umzusetzen. Oft
wird ganz unnützerweise ein Ansatz nur deshalb verdünnt, damit
ein Rührwerk noch „zieht", und das derart zugesetzte Wasser dann
zeitraubend und kostspielig wieder entfernt. Hier kann natürlich
der Werner-Pfleiderer manche Kalorie und manche Arbeitsstunde
sparen helfen.

Von dem großen Gebiet der Extraktionsapparate, das ja im
Kieser und in dem empfehlenswerten Buch von Wittenber-
ger „Maschinen und Apparate im Chemiebetrieb" ausreichend
besprochen ist, soll hier nur ein Sonderfall erwähnt werden, ein
Verfahren und eine Apparatur zur „Extraktion in der Dampf-
phase". Schon die Bezeichnung dieses eleganten und viel zuwenig
bekannten Verfahrens klingt erstaunlich. Wiederum soll an einem
praktisch ausgeführten Beispiel das Verfahren dargestellt werden.
Es handelte sich um die Extraktion von Nikotin aus einem Niko-
tin-Wassergemisch, wie es sich beim Abtreiben von Nikotin aus
Tabakabfällen mittels Wasserdampf ergab. Bekanntlich ist das Ex-
trahieren von Nikotin aus Wasser ein sehr zeitraubendes Unternehmen. Durch eine Apparatur gemäß Abb. 8 gelang es, das Abtreiben mit der Extraktion zu kombinieren und in einem einzigen
Arbeitsgang direkt zu einem fast nikotinfreien Destillat und zu
einem praktisch das ganze Nikotin enthaltenden Lösungsmittel zu
kommen. Die aus dem Abtreibegefäß A kommenden nikotinhaltigen
Dämpfe wurden in dem Kühler B zusammen mit aus der Blase C
aufsteigendem Trichloräthylen kondensiert und in dem Scheide-
trichter D in Wasser und Trichloräthylen getrennt. Die wässerige
Schicht wurde für neue Ansätze verwendet, die Tri-Schicht ergab
in einmaliger Destillation 96%iges, handelsübliches Nikotin und
das rückgewonnene Trichloräthylen ging in den Extraktionsbetrieb
zurück. Das Verfahren wurde in den Oderberger Chemischen Werken nach einem Vorschlag Staneks entwickelt und zur Nikotin-
gewinnung im großen verwendet. Das Prinzip, die Vereinigung der
beiden Komponenten in der Gasphase und die gleichzeitige Kon-
densation, dürften aber auch für viele ähnliche Zwecke brauchbar
sein. Die Erklärung für die überraschend rasche und gründliche
Extraktionswirkung dürfte darin gelegen sein, daß der Kondensa-
tion unmittelbar eine Nebelbildung vorhergeht, in der sich die Teil-

chen des wasserunlöslichen Lösungsmittels mit den Wasserteilchen in großer Gesamtoberfläche berühren und mischen.

Das Entfärben mit Aktivkohle und ähnlich wirkenden Substanzen ist eine Wissenschaft für sich, deren Nicht-Beherrschung oft teuer bezahlt wird. Der häufigste Fehler bei der Entfärbung besteht darin, daß von dem Entfärbungsmittel entweder zu viel

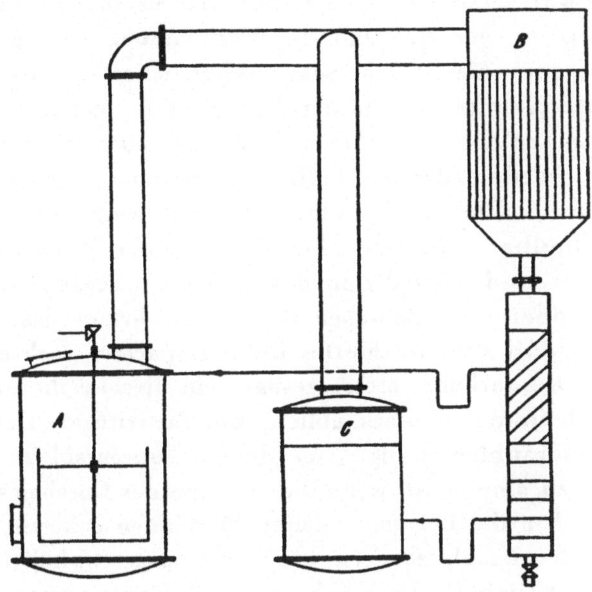

Abb. 8. Apparat zur Extraktion in der Dampf-Phase.

genommen wird oder daß dessen Anwendung bei zu niedriger oder zu hoher Temperatur erfolgt. Es gibt Fälle, wo das Optimum beispielsweise bei 70° liegt und bei geringer Über- oder Unterschreitung dieser Temperatur der gewünschte Effekt ausbleibt. Wo dauernd Entfärbungsmittel verwendet werden, empfiehlt es sich stets, den Rat der Lieferfirma einzuholen. Bei diesen liegt eine Fülle von Erfahrungen vor, über die der Einzelbetrieb nie verfügen kann. Insbesondere die Aktiv-Kohlenerzeuger waren vor dem zweiten Weltkrieg in der Carbo-Norit-Union zusammengeschlossen und die Ratschläge der dieser Vereinigung angehörigen Firmen erfolgten auf Grund eines internationalen Erfahrungsaustausches.

Überhaupt wird noch manchmal der Fehler gemacht, daß man aus falsch angebrachter Geheimniskrämerei oder falscher Scham sich scheut, die reichen Erfahrungen der Maschinen-, Apparatebau-

und Hilfschemikalienindustrie sich zunutze zu machen. Das Gebiet, das der praktische Betriebstechniker zu bearbeiten hat, ist längst so angeschwollen, daß auch ein Genie es nicht mehr bis in alle Einzelheiten überschauen kann. Aber wenn man sich bei jeder neu auftauchenden Betriebsfrage vertrauensvoll an eine Spezialfirma wendet, erhält man oft kostenlos die wertvollsten Auskünfte. Der Verfasser war selbst einst überrascht, daß es über ein so abseitiges Gebiet, wie es der Bau und die Verwendung von Zerstäubungsdüsen ist, eine Menge rein wissenschaftlicher Literatur gibt, die nach seiner Kenntnis nur in den Prospekten einer Spezialfirma zu finden war. Solche Prospekte sollten aber auch mit dem Respekt behandelt werden, der der Fülle der in ihnen steckenden Arbeit gebührt. Sie sollten nach Gebrauch nicht weggeworfen oder unwiederauffindbar „abgelegt", sondern in einer Stichwortkartothek katalogisiert und entweder in der allgemein zugänglichen Werksbibliothek oder im technischen Büro verwahrt werden.

Zum Schluß des Abschnittes über Apparatur noch eine terminologische Bemerkung, besser gesagt, ein diesbezüglicher Wunsch: Es ist noch immer vielfach üblich, bei Zentrifugen, Desintegratoren, Kolloidmühlen u. dgl. von deren Tourenzahl zu sprechen, was geradezu sinnlos ist, wenn die Angabe des Durchmessers fehlt. Worauf es für die Leistung solcher Maschinen ankommt, ist doch nicht die Drehzahl, sondern die Umfangsgeschwindigkeit. Oder will man wirklich die Drehzahl von 1200 Touren einer Zentrifuge von 1500 $\varnothing$ mit der Tourenzahl von 30 000 einer Sharpless-Superzentrifuge vergleichen? Wäre es da nicht wirklich einfacher, gleich von der Umfangsgeschwindigkeit einer solchen zu sprechen und die Angabe von Drehzahlen auf Elektromotoren u. dgl. zu beschränken, wo sie zusammen mit der Leistung ein eindeutiges Charakteristikum der betreffenden Maschine darstellen?

Die Rohrleitungen.

Gleich wichtig wie die Wahl, Aufstellung und Wartung der einzelnen Maschinen ist die der Rohrleitungen in einem chemischen Betrieb, ja, man kann ruhig behaupten, daß ein großer Teil der Betriebsstörungen, die ja bis zu einem gewissen Grad unvermeidlich sind, von Mängeln in der Anlage oder der Pflege von Rohrleitungen kommt. Wer als Laie das erste Mal eine chemische Fabrik betritt, den wird nichts sosehr überraschen als die für das ungeschulte Auge zunächst verwirrende Fülle von Leitungen für Wasser, Dampf, Druck- und Saugluft, Säuren, Alkalien und andere Betriebserfordernisse. Und nur selten findet man ein Werk, wo gerade diese Frage in jeder Hinsicht befriedigend gelöst ist. Der am häufigsten vorkommende Fehler ist wohl der, daß die Leitungen aus ästhetischen Gründen haargenau in die Waage gelegt werden. Schönheitsgründe in allen Ehren! Daß eine Fabrik auch gut aussehen soll, war längst Gemeingut jedes richtigen Betriebsmannes, lang, ehe man für diese Selbstverständlichkeit das Schlagwort von der Schönheit der Arbeit geprägt hat. Aber wo Schönheit und Zweckmäßigkeit in Widerspruch zu geraten drohen, dann hat eben die Schönheit bescheiden zurückzutreten bzw. die „Schönheit" im technischen Sinne hat neue, der Zweckmäßigkeit besser angepaßte Wege zu suchen. Und darum gilt die Forderung: Weg aus der Waage mit den Rohrleitungen! Wer je bei strengem Frost eine für längere oder kürzere Zeit stillgelegt gewesene Anlage wieder in Betrieb zu bringen hatte, der weiß ein Lied von den Schwierigkeiten zu singen, die durch Wasser- bzw. Eispfropfen in streng horizontalen Leitungen entstehen. Gelingt es da nicht, buchstäblich in Sekunden die ganze Leitung wieder in Gang zu bringen, dann friert gewöhnlich der ganze Laden ein. Dann sieht man das unerfreuliche Bild, wie Revisionsschlosser, von nervösen Betriebsbeamten noch nervöser gemacht, von einer verstopften Stelle zur anderen eilen und doch nie fertig werden, weil während der Arbeit immer wieder neue Wasser-, aber auch Dampf- und insbesondere Kondenswasserleitungen zufrieren. Dagegen hilft nur Verlegung der Rohrleitungen mit starkem Gefälle und sorgfältiges Entwässern der Leitungen und der Kondenstöpfe vor einem Stillstand. Zweckmäßigerweise werden alle Stellen, an denen zu entwässern ist, mit auffallenden roten Markierungen, wie Ringe, Pfeile od. dgl., versehen.

Rohrleitungen für Wasser, Dampf, Druck- und Saugluft werden zweckmäßig als Ringleitungen ausgeführt. Dampfleitungen sind stets zu isolieren, mit Ausnahme jener, die zu Heizkörpern führen. Diese isoliert man nur so weit, als es notwendig ist, um sie gegen unfreiwillige Berührungen zu schützen. Der Isolierung selbst kann nicht genug Sorgfalt zugewendet werden. Auch die Flanschen sind durch Flanschenkappen gegen Ausstrahlung zu schützen.

In Fabriken, wo ein häufiger Wechsel des Produktionsprogramms und dadurch auch der Apparatur zu erwarten ist, wird man die Leitungen mit einer nicht zu geringen Anzahl von Vorratsstutzen ausstatten, die der raschen Anbringung von neuen Abzweigleitungen dienen. Leitungen, die für längere Zeit außer Betrieb gesetzt werden, verschließt man mit Blindflanschen zur Schonung der Hähne und Ventile.

Die **Transporteinrichtungen** in chemischen Betrieben sind so vielgestaltig, daß es schwer ist, hierüber bestimmte Angaben zu machen. Becherwerke, Transportschnecken und -bänder, Hubräder und pneumatische Förderanlagen stehen zur Wahl, und wo große Mengen zu lagern oder zu speichern sind, wird oft die Zuziehung einer erfahrenen Spezialfirma zu empfehlen sein, um Fehlgriffe zu vermeiden.

Die Schmalspurbahnen, die früher zum Bild einer Fabrik gehörten, werden in neuen Betrieben immer mehr reduziert oder sie fallen auch gänzlich weg. Vielleicht ist man sogar in dieser Beziehung etwas zu weit gegangen. Freilich, die berüchtigten „feldmäßigen" Schmalspurbahnen, die beim Befahren regelmäßig zu zeitraubenden Entgleisungen führten, die haben in einem modernen Betrieb wirklich nichts zu suchen. Aber eine solid angelegte Schmalspurbahn hat überall dort eine Existenzberechtigung, wo sie den Einbau von Drehscheiben in ein normalspuriges Gleis erspart, namentlich wenn man über entsprechende Trucks verfügt, um Kesselwagen und andere Wagenladungen auf die Schmalspurgleise zu überführen. Wo Drehscheiben nicht zu vermeiden sind, ist auf eine verläßlich wirkende Entwässerung der Grube zu achten, damit ein Einfrieren im Winter vermieden wird.

Für kleinere Zwischentransporte im Betrieb empfehlen sich die auch von den Reichs- und Bundesbahnen seit Jahren benützten, elektrisch angetriebenen Transportkarren. Eine gute Ausstattung mit Hubkarren, Spezialgeräten für den Transport von Säureballons, Gasflaschen u. dgl. macht sich immer bezahlt — vorausgesetzt, daß sie auch verwendet wird. Arbeiter haben stets anfangs ein gewisses Mißtrauen gegen Behelfe, die ihnen körperliche Arbeit erleichtern. Besteht man aber auf der Anwendung solcher Hilfsmittel, so werden sie bald als unentbehrlich angesehen.

Die Werkstätten.

Es wurde schon an anderer Stelle erwähnt, welch große Rolle in einem chemischen Betrieb die Werkstätten spielen. Als Beispiel sei erwähnt, daß ein Betrieb von nur 200 Arbeitern, von denen noch ein nicht unbeträchtlicher Teil auf die Packräume entfiel, folgende Handwerker beschäftigte:

12 Schlosser,	4 Tischler,
2 Schweißer,	1 Sattler,
1 Bleilöter,	2 Zimmerleute,
1 Spengler,	2 Maurer,
2 Elektriker,	1 Anstreicher.

Dieses Verhältnis von rund fünfzehn Handwerkern auf 100 Betriebsarbeiter soll natürlich keine Norm, aber auch durchaus keine obere Grenze darstellen. Es handelte sich zwar um einen Betrieb, der sich in stürmischer Entwicklung befand und alljährlich mehrere Neubauten errichtete. Man wird, um die Werkstätten weder zu knapp zu halten noch sie zu hypertrophieren, von vornherein sich entschließen müssen, ob die „Schlosserei" sich auf die Durchführung von Reparaturen zu beschränken hat oder ob man auch in mehr oder minder großem Ausmaß neue Apparate in eigener Regie erbauen will. Bei einfachen Konstruktionen wird man mit der Eigenerzeugung nicht nur billiger fahren, sondern auch die Lieferzeiten der Maschinenfabriken leicht unterschreiten können. Sich an schwierigere Konstruktionen mit der Selbstherstellung heranzuwagen, bedeutet nicht nur ein gewisses Risiko, sondern auch die Anschaffung von Spezial-Werkzeugmaschinen, die einen großen Teil des Jahres unausgenützt herumstehen. Angesichts dieses Dilemmas empfiehlt es sich, die Werkstätten baulich nicht zu knapp zu halten, aber sich in dem Maschinenpark anfangs auf das Notwendigste zu beschränken und es der Zukunft zu überlassen, welche Maschinen sich zusätzlich immer wieder als notwendig erweisen. Ein tüchtiger Werkstättenleiter wird in dieser Hinsicht oft ein gesünderes Urteil haben als der planende Chemiker. Viel wird auch davon abhängen, ob am Ort der chemischen Fabrik sich eine Maschinenfabrik befindet, die größere Reparaturen ausführen kann, oder ob man ganz auf sich selbst gestellt ist.

Die Tischlerei wird auch danach einzurichten sein, ob man in eigener Werkstätte Transportkisten anfertigt oder nicht. Wo man stets nur Kisten der gleichen Größe verwendet, stellt sich der Bezug fertiger Kistenteile gewöhnlich billiger. Wo aber, namentlich für kombinierte Sendungen, die Kisten von Auftrag zu Auftrag wechseln, empfiehlt sich die Eigenerzeugung, die bei Ausführung im Akkord durchaus nicht teurer sein muß als der Fremdbezug.

In der Elektrikerwerkstätte sollte auch schon bei mittelgroßen Betrieben die Möglichkeit gegeben sein, Motoren umzuwickeln. Auch eine Trockenkammer zum Austrocknen feucht gewordener Motoren sollte die Elektro-Werkstatt stets enthalten. Wenigstens dann, wenn man sich nicht grundsätzlich entschließt, Neuanlagen nur mit gekapselten bzw. ventiliert gekapselten Motoren auszustatten, wobei man allerdings meist längere Lieferzeiten in Kauf nehmen muß.

Ein nicht restlos lösbares Problem ist das der Werkzeugausgabe und Werkzeugverwaltung. Es hat sich vielfach bewährt, jedem Schlosser, besonders jedem Revisionsschlosser und Monteur, je einen Satz der am häufigsten gebrauchten Werkzeuge zur ständigen Benützung auszufolgen. Man muß natürlich den Leuten die Möglichkeit geben, diese Werkzeuge nach Schichtschluß versperrt zu verwahren. Seltener gebrauchte Werkzeuge werden von der Werkzeugausgabe gegen Quittung ausgefolgt und nach Beendigung der Arbeit wieder eingezogen. Hingegen werden die Werkzeuge der Bau- und Hilfsarbeiter immer nur von Tag zu Tag ausgefolgt und nach Arbeitsschluß wieder versorgt.

Eine wichtige Aufgabe des Werkstättenleiters ist die Lehrlingsausbildung. Wenigstens überall dort, wo einer solchen nicht von behördlicher Seite Schwierigkeiten in den Weg gelegt werden. Die Gewerbe-Ordnung der österreichisch-ungarischen Nachfolgestaaten ist ja noch immer in einer kaum vorstellbaren Weise von zünftlerischen Vorstellungen beherrscht. So konnte es noch kurz vor dem zweiten Weltkrieg geschehen, daß ein Gewerbeinspektor einer chemischen Fabrik mit ausgedehnten Werkstätten rundweg das Recht bestritt, Schlosser-Lehrlinge auszubilden! Die betroffene Fabrik und in der Folge der Industriellen-Verband wendeten erfolglos ein, daß man die schlechtesten Erfahrungen mit gelernten Schlossern gemacht habe, die bei irgend einem selbständigen Schlosser ihre Lehrzeit absolviert und namentlich in den ersten Jahren vorwiegend mit Reinigungsarbeiten, Kinderbeaufsichtigung und Botengängen beschäftigt worden seien, später wenig mehr als Schlüsselfeilen gelernt haben, der Bedienung moderner Werkzeugmaschinen oder gar eines Schweißapparates ganz fremd gegenüberstünden, weil sie so etwas bei ihrem Lehrherrn nie zu Gesicht bekommen hätten. Hingegen würden die Lehrlinge der chemischen Fabrik vom ersten Tag ihrer Lehrzeit an unter Aufsicht erfahrener Handwerker geschult, und für die nichtfachlichen Arbeiten, mit denen sie bei ihrem Lehrherrn die Zeit vertrödelt hätten, seien weibliche Hilfsarbeiterinnen da. Keines dieser Argumente verfing. In der Entscheidung hieß es: Maschinenfabriken hätten das Recht, Schlosser auszubilden, aber eine chemische Fabrik nicht! Das hätte noch gefehlt, daß man auch einer Maschinenfabrik dieses Recht abgesprochen hätte! Dabei war der Gewerbeinspektor, der diese weltfremde Entscheidung auslöste, persönlich von der Unsinnigkeit seiner Verfügung leicht zu überzeugen, aber eingeengt durch veraltete Vorschriften aus der Zeit, wo es eine chemische Industrie im heutigen Sinn gar nicht gab, konnte er gar nicht anders handeln. Die Fabrik mußte sich so helfen, daß sie ihre Lehrlinge ruhig weiterbeschäftigte, sich aber von den Eltern bzw. dem Vormund des Ex-Lehrlings einen Revers ausstellen ließ, daß auf Ausstellung eines Lehrbriefes nach Ablauf der Lehrzeit verzichtet wurde, während die Fabrik sich verpflichtete, die Ausgelernten nach Möglichkeit als Professionisten weiterzubeschäftigen und zu entlohnen. Aus dem Stock dieser Handwerker ohne Lehrbrief rekrutierte sich allmählich eine Elite fachlich tüchtiger und firmentreuer Professionisten.

Die Zünftler aber und ihre Genossenschaften ließ ihr Mißerfolg nicht ruhen und sie verlegten sich nunmehr darauf, die Firma jedesmal anzuzeigen, wenn sie durch irgend einen ihrer Handwerker eine Reparatur in ihren Werkswohnungen ausführen ließ. Dies entgegen der klaren Bestimmung der Gewerbeordnung, daß fabriksmäßige Betriebe berechtigt sind, alle Arten von Handwerkern zu beschäftigen und deren Arbeiten ausführen zu lassen. Mit solcherlei Spielereien hat man sich in Fabriken oft zu befassen. Man glaube aber ja nicht, daß solche Fälle selten sind. Den Vogel in dieser Beziehung hat Steiermark abgeschossen. Dort wurde einst ein Verfahren von einem magistratischen Bezirksamt bis zum Obersten Verwaltungsgerichtshof geführt, in dem es um die wichtige Entscheidung ging, ob zur Herstellung einer nicht gehenden Reklameuhr an dem Laden eines Uhrmachers dieser selbst oder die Genossenschaft der Schildermaler zuständig gewesen sei. Selbstverständlich trugen außer den Verwaltungsbehörden auch die Genossenschaften und Handelskammern dazu bei, daß die Kosten dieses schildbürgerlichen Streites schließlich ein Vielfaches des Streitwertes betrugen!

Die Laboratorien.

Nur in allerkleinsten Verhältnissen wird eine chemische Fabrik mit einem einzigen Laboratorium das Auslangen finden. Zum mindesten wird sich in jedem größeren Betrieb eine Trennung in ein Kontrollaboratorium und in ein Versuchslaboratorium empfehlen. Dem Kontrollaboratorium, häufig auch analytisches Laboratorium genannt, obliegt die laufende Prüfung der eingehenden Rohstoffe, der ausgehenden Fertigwaren, wohl auch die von Zwischenprodukten, soweit sie nicht in den Handlaboratorien der einzelnen Betriebe möglich ist. Das Versuchslaboratorium studiert Verbesserungen der Fabrikationsmethoden, die Ausarbeitung neuer Verfahren, sei es, daß die Anregung hiezu aus den eigenen Betrieben stammt, sei es, daß Verfahren von dritter Seite zum Kauf angeboten werden. Das Versuchslaboratorium verfolgt auch die an Hochschulen und Forschungsinstituten für den Betrieb ausgeführten Arbeiten. Soweit nicht — in größeren Betrieben — ein eigenes Literaturbüro besteht, verfolgt es auch die Fachliteratur, verwaltet die Bibliothek und versorgt alle Abteilungen des Werkes mit Literatur-Hinweisen und Auskünften. Für die Leitung des Versuchslaboratoriums ist der beste Chemiker eines Werkes gerade gut genug.

Die Trennung des Kontrollaboratoriums von dem Versuchslaboratorium hat nicht nur organisatorische, sondern auch gewichtige psychologische Gründe. Selten sind die Chemiker, die für analytische und Versuchsarbeiten gleich begabt sind. Der Grund für diese Erfahrungstatsache ist leicht einzusehen: Der Chemiker im Versuchslaboratorium braucht vor allem Phantasie. Der Analytiker soll keine Phantasie haben bzw. seine Phantasie soll sich fallweise in der Schaffung verbesserter Analysenmethoden erschöpfen.

An das Versuchslaboratorium schließt sich zweckmäßig ein Versuchsraum, der die Arbeit im halbtechnischen Maßstab ermöglicht. Er wird in seiner Errichtung sich dem „Technikum" eines Hochschullaboratoriums nähern. Glücklicherweise bringt die Industrie fast jede Apparatur in kleinen, modellartigen Ausführungen auf den Markt, die es ermöglichen, vor dem Bau einer Neuanlage den Fabrikationsprozeß in betriebsähnlichen Maschinen zu studieren, wodurch Fehler in der Wahl der Großapparatur vermieden werden können. Selbstverständlich wird man im Versuchsraum, bezeichnenderweise mancherorts auch Übergangsbetrieb genannt, vielfach von Steinzeug, Email und gummierten Apparaten

Gebrauch machen, um die vielseitige Verwendbarkeit zu steigern. Die Ermittlung der günstigsten Baustoffe muß dann separat erfolgen, was in großen Konzernen in einer eigenen Prüfstelle mit entsprechenden Laboratorien erfolgt. Wenn für das Versuchslaboratorium und den Versuchsraum — dieser „Raum" kann in großen Verhältnissen ganze Gebäude mit eigenen Werkstätten umfassen — getrenntes Personal vorhanden ist, soll doch die Leitung in einer Hand liegen. Nie kann das „Einvernehmen" die gemeinsame Spitze ersetzen, auch nicht bei gegenseitigem gutem Verhältnis der beiden leitenden Personen, das ja bei teilweise übergreifenden Kompetenzen stets gefährdet ist. Nebenbei bemerkt ist der Versuchsraum auch die Stelle, wo junge, eben von der Hochschule kommende Chemiker die beste weitere Ausbildung finden. Hier lernen sie den Umgang mit Maschinen, die Wichtigkeit von Materialfragen, hier haben sie Gelegenheit, mit Kalkulationen vertraut zu werden; hier lernen sie aber auch Fehler zu vermeiden, die im Großbetrieb gleich Schäden unabsehbaren Ausmaßes verursachen würden. Und so manche Karriere bekannter Fachgenossen hat hier, im Versuchsbetrieb, ihren Ausgang genommen.

Was die Einrichtung der eigentlichen Laboratorien betrifft, so liegen derart reichliche Publikationen vor, daß auf diese nur verwiesen zu werden braucht. Auch ist nirgends dem persönlichen Geschmack ein größerer Spielraum gelassen als gerade bei der Einrichtung von Laboratorien. Rein beispielsweise sei nur erwähnt, daß der eine Chemiker auf frei stehende und von allen Seiten zugängliche Abzüge schwört, während der andere an der historischen Aufstellung an den fensterlosen Wänden festhält. Der eine sieht alles Heil in der zentralisierten Beschaffung von Druck- und Saugluft, der andere will an jeder Verbrauchsstelle Druck- und Saugluft erzeugt haben, um von Schwankungen im Netz unabhängig zu sein. So hat jede Sache ihre Vorzüge und Nachteile. Zwei Dinge sind wichtig. Bei Schaffung größerer Laboratoriumsanlagen muß man sich zuerst über die beabsichtigte Organisation im klaren sein und dann erst an die Raumdisposition gehen. Dies gilt im großen für die Anzahl der beabsichtigten Abteilungen, und es gilt auch in den Details. Es ist nicht gleichgültig, ob man jedes Laboratorium mit Räumen für photographische Arbeiten ausstatten will oder ob man alle photographischen Arbeiten, gewöhnlich einschließlich der Herstellung von Photokopien, zentralisieren will.

Der Verfasser neigt in diesem Fall zur Dezentralisation; sie erfordert größere Anlagekosten — aber sie dient dem friedlichen Zusammenleben der einzelnen Abteilungen, von denen ja begreiflicherweise jede ihre eigenen Arbeiten für die wichtigsten hält. Ganz besonders wichtig ist aber die Schaffung ausreichender Reserven für die künftige Entwicklung der Laboratorien. Man sieht oft Entwürfe für neue Laboratorien, bei denen jedes kleinste Kämmerchen bis aufs letzte seine Zweckbestimmung hat. Ist aber der Neubau erst im Betrieb, dann erweist sich immer häufiger die Notwendigkeit, irgend einer Arbeit einen gesonderten Raum zuzuweisen, und die Raumnot ist da, auch wenn für den Anfang scheinbar großzügig disponiert worden war. Bei ausreichenden Mitteln sollte man etwa ein Viertel aller Räume im ersten Entwurf als Reserve vorsehen. Bei großen Konzernen wird das Versuchslaboratorium zum Forschungsinstitut, das außer anorganischen, organischen, physikalisch-chemischen, physikalischen auch noch Sonderlaboratorien für Pharmakologie, Biologie, Bakteriologie und andere Fachrichtungen enthält. Mitunter ist auch eine Aufgliederung nach Anwendungsgebieten erfolgt, also Färbereilaboratorien, solche für Schädlingsbekämpfung, Photochemie u. dgl. Aus historischen Gründen ist meist eine räumliche Dezentralisation eingetreten. Lediglich beim Verein für chemische und metallurgische Produktion in Prag wurde während des Krieges ein einheitliches Institut für jede Fachrichtung in Rybitew erbaut und auf das großzügigste eingerichtet. Im allgemeinen dürfte unter den schwierigen Nachkriegsverhältnissen, wenigstens in Europa, die Zeit für die Errichtung solcher Forschungszentralen wohl vorbei sein.

Die Magazine.

Die wichtigste Frage beim Bau und der Verwaltung von Magazinen ist die nach Zentralisation oder Dezentralisation. Eine strenge Zentralisation wird sich wohl nur in den allerkleinsten Betrieben dauernd aufrechterhalten lassen. Ansonsten wird die getrennte Lagerung von Rohmaterialien, Hilfsstoffen und Fertigwaren nicht vermieden werden können. Bei Massengütern wird ja schon aus Transportgründen die Lagerung der Rohstoffe und der Fertigwaren zu einem Teil der Betriebe. In Saisonbetrieben, in denen sich der Versand der Fertigwaren auf wenige Wochen im Jahr zusammendrängt, wie bei der Herstellung von Handelsdüngemitteln oder der Kupfersulfatfabrikation, können die bauliche Situierung und die maschinelle Einrichtung der Speicheranlagen gleich wichtig für die Rentabilität der ganzen Anlage werden wie die eigentlichen Fabrikationsanlagen. Die Entscheidung über Zentralisation oder Dezentralisation fällt also in erster Linie hinsichtlich der Unzahl von Hilfsstoffen aller Art, von deren Zahl und Mannigfaltigkeit sich der Laie kaum eine Vorstellung machen kann. Hier empfiehlt sich Zentralisation mit der Einschränkung, daß alle jene Hilfsmaterialien, die auch in der Nacht für dringende Reparaturen gebraucht werden, separat gelagert werden. Für diesen Raum müssen separate Schlüssel vorhanden sein, die auch den im Nachtdienst eingesetzten Aufsichtsbeamten zugänglich sind. Die Schlüssel für das allgemeine Magazin erhalten nur der Magazineur und dessen Stellvertreter, die für das Magazin und eventuelle Sonderräume für besonders kostbare Gegenstände verantwortlich sind. Gesondert gelagert werden auch Schmieröl und brennbare Lösungsmittel; das Schmieröllager erhält Heizung, während das Magazin im allgemeinen einer solchen nicht bedarf. Besondere Aufmerksamkeit erfordert die Lagerung und Evidenzhaltung der Modelle. Nach jeder Ausleihung an die Gießerei sind die rückgestellten Modelle unter Zuziehung des Modelltischlers auf ihre Unversehrtheit, wenn nötig an Hand der Zeichnung, zu prüfen und dann in übersichtlicher Form wieder einzulagern. Da Modelle im allgemeinen nicht versichert werden, ist ihrer feuersicheren Lagerung besondere Sorgfalt zuzuwenden.

Sehr bewährt hat sich, daß in der Materialkartothek der Magazinsverwaltung jede Karte mit einer Bezeichnung des normierten Mindestbestandes versehen ist, bei dessen Unterschreitung die Einkaufsabteilung eine Neubestellung vornimmt.

Dem Bestreben der einzelnen Betriebe, eigene Materiallager anzulegen, muß entgegengetreten werden, weil dadurch der Gesamtbestand an Hilfsmaterialien eine unnatürliche Höhe erreicht. Anderseits soll man in dieser Hinsicht nicht zu weit gehen, weil sonst unnütz Zeit verlaufen wird, wenn die Leute um eine Handvoll Putzwolle das oft räumlich weit entfernte Magazin aufsuchen und dort, wenn möglich, noch anstehen müssen. Bei einer strengen Kontierung und Verrechnung regelt sich der Verbrauch an Hilfsmaterialien von selbst, weil die Betriebsleiter Materialfassungen auf weite Sicht scheuen, wenn sie am Monatsende prompt die Rechnung präsentiert bekommen.

Die Materiallager-Bestände am Hauptlager sollen auch nicht zu knapp gehalten werden. Kein Laboratoriumschef wird Geräte unnütz hamstern, wenn er die Gewähr hat, ein Ersatzstück im Bedarfsfall vom Hauptlager in wenigen Minuten erhalten zu können. Wenn aber zwischen Bedarf und Erhalt eine mehrtägige Lieferzeit liegt, wird jedes Laboratorium Vorräte hamstern, die in ihrer Gesamtheit einen noch so hohen Vorrat auf dem Hauptlager übersteigen. Auch wird die Einkaufsabteilung nach Qualität und Preis billiger und besser kaufen können, wenn entsprechende Vorräte sie von dem Druck der „dringendsten" Bestellungen befreien. Dies gilt natürlich nicht nur für die rein beispielsweise erwähnten Laborgeräte, sondern auch für alle Hilfsmaterialien und selbst für Baustoffe. Die letzteren werden aus Zweckmäßigkeitsgründen separat gelagert, aber verwaltungsmäßig vom Lager übernommen und ausgegeben und von der Materialverwaltung in gleicher Weise verrechnet wie jedes andere Material.

Das Fabrikationsprogramm.

Mag eine chemische Fabrik auch noch sosehr bemüht sein, ihr ursprüngliches Fabrikationsprogramm — oft nur die Erzeugung eines einzelnen Artikels — beizubehalten, um die Gefahr der Zersplitterung zu vermeiden, in den meisten Fällen wird doch die Sorge um die Vollbeschäftigung auch in Zeiten von Konjunkturschwankungen dazu führen, daß ein Werk den ursprünglichen Rahmen seiner Tätigkeit sprengt. Der unmittelbare Anlaß kann vielerlei Gründe haben. Die natürliche Rohstoffbasis kann zu Ende gehen, durch Änderung der politischen Grenzen kann sich das Absatzgebiet verkleinern, ein Prozeß, von dem man bisher friedlich gelebt hat, kann veralten, der Wunsch, die starren Unkosten auf eine größere Basis zu verteilen, kann ausschlaggebend sein und schließlich kann eine eigene oder eine von Dritten stammende Erfindung zum Anlaß einer neuen Entwicklung werden. Schon in normalen Zeiten vollziehen sich solche Umschichtungen, mit besonderer Geschwindigkeit in Krisenzeiten nach einem Kriege. Wie viele Fabriken wuchsen nicht im Schatten der Kriegsindustrie hypertrophisch, um nach Wiedereintritt normaler Verhältnisse krampfhaft nach Wegen zu suchen, ihre Maschinen und ihre Menschen zu beschäftigen. Viele auf ihrem engeren Fachgebiet ganz gut beschlagene Fachleute pflegen dann die selbständigen Chemiker zu überlaufen und gehen traurig oder verbittert wieder weg, wenn der Berater ihres Vertrauens ihnen sagen muß: der Artikel, den Sie suchen, den gibt es nicht. Verlangt wird meist eine neue Fabrikation aus Rohstoffen, die in nächster Nähe des Betriebes vorkommen, in unbeschränkter Menge billig zu haben sind, möglichst wenig Investitionen erfordern und hohe Gewinne abwerfen. Natürlich wird es nur in den seltensten Fällen möglich sein, auch nur eine oder zwei dieser drei gestellten Forderungen zu erfüllen. Und doch werden eine rührige Werksleitung und ein erfahrener Berater auch in scheinbar aussichtslosen Fällen Wege finden, einem Werk, wie man oft sagt, neues Blut zuzuführen. Man wird, wenn der Wunsch, den Aufgabenkreis einer Fabrik zu erweitern, gebieterisch geworden ist, folgende Wege zu prüfen haben:

1. die Verfeinerung der bisherigen Erzeugnisse, einschließlich der Verwertung von Neben- und Abfallprodukten, die bisher unverkauft geblieben sind oder — was der häufigere Fall ist — zu unbefriedigenden Preisen abverkauft wurden;

2. die Prüfung, ob ein bereits vorhandener, aber nicht genügend ausgenützter Maschinenpark auch für andere Fabrikationen geeignet ist;

3. während in den Fällen 1 und 2 die technologischen Erwägungen an erster Stelle stehen, kann man natürlich auch von vertriebstechnischen Erwägungen ausgehen und sich die Frage vorlegen, welche Erzeugnisse kann ich mit meinem Vertriebsapparat vorteilhaft noch verkaufen? Die Wichtigkeit dieser Frage wird von dem weniger erfahrenen Chemiker meist unterschätzt.

Neben diesen grundsätzlichen Fragen werden ja bei der Erweiterung eines Fabrikationsprogramms auch alle Fragen gründlichst zu prüfen sein, die bei einem Neubau zu bedenken sind. Standort, Wasser-, Abwasserfragen, Strompreis, kurz all das, was schon in den ersten Kapiteln dieses Buches behandelt wurde.

Vor einem Weg aber sei ganz ausdrücklich gewarnt. Es ist dies der Weg, den der Verfasser die Flucht in die Spezialität nennen möchte. Man macht sich besonders in kaufmännischen Kreisen oft ganz falsche Vorstellungen von den Verdienstmöglichkeiten beim Vertrieb von pharmazeutischen und anderen Spezialitäten, überhaupt von allen Dingen, die unter einer geschützten Wortmarke in den Handel kommen. Man vergleicht immer die geringen Gestehungskosten mit den hohen Bruttokosten einer Packung und gelangt so zu einer ganz falschen Kalkulation. So manche „Spezialität" würde ihrem Erzeuger auch dann schweres Geld kosten, wenn die Gestehungskosten gleich Null wären. So konnte unlängst die staunende Fachwelt erleben, daß eine auf anderem Gebiet mit Recht angesehene chemische Fabrik unter tönendem Namen ein Abführmittel herausbrachte, dessen wirksame Bestandteile längst Gemeingut der Human- und insbesondere der Veterinärmedizin ist. Solche „Spezialitäten" können natürlich nur den gesunden Grundgedanken des gesamten Spezialitätenwesens ad absurdum führen.

Fabriken, die auf ihrem Arbeitsgebiet apparativ gut ausgestattet sind, werden oft vorübergehend oder auch dauernd durch die Übernahme von Lohnvermahlungen, Lohnextraktion u. dgl. zu einer besseren Ausnützung ihrer Betriebsmittel gelangen können, ohne größere Kapitalien festlegen zu müssen.

Die Organisation.

Die Leitung jedes Unternehmens soll tunlichst in einer Hand liegen. In größeren Betrieben wird es natürlich nicht zu vermeiden sein, daß mehrere Direktoren sich in die technischen und kaufmännischen Agenden teilen. Es soll jedoch, gleichviel wie der Titel immer lautet, stets ein Vorsitzender des Direktoriums nominiert werden, der gegenüber dem Aufsichtsrat die volle Verantwortung trägt. Kollegiale Leitungen bewähren sich selten, meist nur dann, wenn zwischen zwei — selten mehr! — gleichgestellten Direktoren eine ungewöhnliche Sympathie herrscht, die auch unvermeidliche sachliche Differenzen überwindet. Eine kollegiale Leitung hat auch stets den Nachteil, daß zur Herstellung des notwendigen Einvernehmens unnütz viel Zeit verredet wird und häufig dann Kompromißlösungen zustande kommen, die gewöhnlich die Nachteile der beiderseitigen Auffassungen vereinigen. Es wird oft die Frage gestellt, ob für die Leitung einer chemischen Fabrik der Chemiker oder der Kaufmann geeigneter ist. Die Antwort kann nur lauten: der Tüchtigere. Ein Chemiker, der nicht auch mit einem Tropfen kaufmännischen Öls gesalbt ist, ist für die Leitung eines Betriebes ungeeignet. Umgekehrt wird auch der Kaufmann für die Arbeit des Chemikers zumindest Verständnis aufbringen müssen. Das soll nicht heißen, daß er chemische Spezialkenntnisse

besitzen muß. Aber was von ihm verlangt werden muß, ist, daß er
Verständnis für die Notwendigkeit von Entwicklungsarbeiten hat
und daß er einen gewissen Überblick über die Zusammenhänge
seiner Fabrikation und deren Neben- und Abfallprodukte besitzt,
daß er die Entwicklungslinien der chemischen Industrie im eigenen
Land und auf der Welt zu verfolgen versteht.

Der Chemiker als Leiter einer Fabrik gerät leicht in die Gefahr, sich in sein Büro zu vergraben und den Kontakt mit den Betrieben und Werkstätten zu verlieren. Je größer der Umfang eines
Werkes, desto größer die Gefahr. Möglichst häufige Besichtigun-
gen und die Verlegung von Besprechungen aus dem Büro in den
Betrieb wird diese Gefahr bannen und den Mitarbeitern das Gefühl
geben, daß der Chef sie nicht nur kontrolliert, sondern sie auch
aus seiner größeren Erfahrung heraus berät.

Die einzelnen Betriebsleiter sollen, wenn sie nicht gar zu jung
sind und noch der Schulung bedürfen, eine möglichst große Selbständigkeit genießen. Eine richtig ausgeführte Nachkalkulation
sorgt schon dafür, daß kein Fehlgriff eines Betriebsleiters der
Werksdirektion entgeht. Anderseits wird jeder Erfolg, jede Verbesserung durch die Nachkalkulation offenbar und zum Ansporn
für den Betriebsleiter. Auch sollte man Verbesserungsvorschläge,
die wenig kosten, auch dann nicht unbedingt ablehnen, wenn man
von dem Erfolg nicht im voraus unbedingt überzeugt ist. Ist
„etwas dran“, um so besser, stellt sich ein Mißerfolg ein, so hat
man für wenig Geld die Erfahrung eines Mitarbeiters bereichert
und er wird sich bemühen, ein andermal einen besser fundierten
Vorschlag zu machen. Auf jeden Fall aber erspart man dem Untergebenen das demütigende Gefühl, daß sein Vorschlag abgelehnt
worden sei, weil er nicht vom Direktor ausgegangen sei.

Ein wichtiger Posten in jedem chemischen Betriebe ist der des
Leiters des Bau- und Konstruktionsbüros. In kleineren Verhältnissen wird der leitende Maschinen-Ingenieur stets auch die Leitung des Hochbauwesens übernehmen, was nur im Interesse der
Sache gelegen ist. Man sieht den Entwürfen von Neubauten oft auf
den ersten Blick an, ob das Ganze sozusagen aus einem Guß entstanden ist oder ob das Baubüro nur widerwillig den Anforderungen der Maschinenabteilung gefolgt ist. Dem Leiter des Bau- und
Maschinenwesens sollten auch die Werkstätten unterstellt sein.
Jede andere Organisation führt unweigerlich zu Reibungen zwischen Konstruktionsbüro und Werkstättenchef. Auch ist es für die

Einhaltung von Fertigstellungsterminen immer günstiger, wenn eine Dienststelle die ungeteilte Verantwortung trägt.

Wenig fest umschrieben ist der Wirkungskreis der Meister. Jeder ältere Chemiker erinnert sich noch an die Zeiten, wo jüngere Betriebsbeamte und leider auch nur zu oft der Direktor selber vor einem Meister gezittert haben. Das Wort Meisterwirtschaft ist auch heute noch nicht ganz ausgestorben. Ganz besonders dort, wo es keine Betriebsassistenten gibt und wo der Meister seinen Betriebsleiter im Falle der Abwesenheit zu vertreten hat. Dabei waren die Meister alter Schule oft wirklich tüchtige Routiniers und bei mangelnder wissenschaftlicher Betriebskontrolle zuweilen unentbehrlich für die Aufrechterhaltung des Betriebes. Das war ihre Stärke, aber sie haben ihr gemessen Teil Schuld, wenn der technische Fortschritt in einer Fabrik stockte. Feinde jeder Neuerung, waren sie meist auch Feinde jedes Chemikers, und das Laboratorium betrachteten sie als eine kostspielige Überflüssigkeit. Die richtige Lösung wird wohl darin bestehen, daß der Meister gegenüber dem Arbeiter ein Gott ist, gegenüber seinem Betriebsleiter ein getreuer Knecht. Die Meisterwirtschaft blüht übrigens meist dort, wo der Betriebsleiter aus Bequemlichkeit oder als Folge einer Überbürdung mit schriftlichen Arbeiten sein Büro nicht verläßt und den Meister im Betrieb schaffen läßt, wie er will. Oft auch fehlt einem jüngeren Betriebsleiter wirklich die notwendige Autorität gegenüber seinem Meister, dem gegenüber er anfangs nur seinen akademischen Titel in die Waagschale zu werfen hat, während ihm der Meister in praktischer Betriebserfahrung und Menschenkenntnis oft um ein Lebensalter voraus ist. Ganz besonders wird sich dies in jenen Werken geltend machen, wo es üblich ist, jeden jungen Chemiker im analytischen Laboratorium anfangen zu lassen und ihn bei befriedigenden Leistungen zum Betriebsleiter zu machen. Es wurde schon bei der Besprechung des Kapitels „Laboratorium" darauf verwiesen, wie verfehlt es ist, den zukünftigen Betriebsleiter nicht lieber zuerst im Übergangsbetrieb oder als Betriebsassistenten zu schulen. Der Umgang des jungen Chemikers mit einem alten Meister, der sein Untergebener ist, aber anfangs mehr von der Sache versteht als sein Chef, fordert nicht nur Fachkenntnisse, vor denen der Meister Respekt haben kann, sondern auch menschlichen Takt. Man bedenke immer, daß gerade die alten Meister mitunter ein Maß von Firmentreue besitzen, das nicht jeder Akademiker aufzuweisen hat.

Arbeiterfragen.

Eine der wichtigsten Aufgaben jeder Werksleitung ist die Heranbildung einer fachlich qualifizierten und anhänglichen Arbeiterschaft. Spielen doch bei der Erreichung dieses Zieles vielfach Momente mit, die sich dem Einfluß der Werksleitung entziehen. Zeitströmungen und politische Bewegungen können das gute Einvernehmen zwischen Leitung und Arbeiterschaft zeitweise trüben. Auch die Lage der Fabrik ist von Einfluß. Man wird in oder in der Nähe einer Großstadt leichter qualifizierte Leute finden oder erhalten können als bei einem Werk, das in der Einschicht gelegen ist. Bis zu einem gewissen Grad wird man die einsame Lage dadurch kompensieren können, daß man den Leuten werkseigene Wohnungen zur Verfügung stellt; aber man darf dieses Lockmittel in seiner Wirkung auch nicht überschätzen. Gewöhnlich wird eine freiwerdende Werkswohnung von zehn gleich qualifizierten Leuten beansprucht und eine Wohnungszuweisung schafft dann einen Zufriedenen und neun Unzufriedene. Hier wird eine vernünftige Mitarbeit der Arbeiter-Vertretungen stets von Vorteil sein. Bei allen Maßnahmen und Einrichtungen, die irgendwie einen humanitären Charakter tragen, wird die Mitarbeit der gesetzlichen oder freiwilligen Arbeitervertretungen viel dazu beitragen, die Werksleitung von dem Odium einer angeblichen Protektionswirtschaft zu befreien. Auch haben sich „Wohlfahrtsfonds" bewährt, die aus Zuschüssen der Firma und freiwilligen Lohnrücklässen der Arbeitnehmer gespeist werden und von Vertretern der Arbeiter und einem Bevollmächtigten der Direktion verwaltet werden. Ein dem letzteren statutenmäßig eingeräumtes Vetorecht konnte als entbehrlich wieder abgeschafft werden, weil es sich zeigte, daß die Arbeitervertreter mit „ihrem" Fonds äußerst sparsam wirtschafteten und nur in seltenen, begründeten Ausnahmsfällen Aushilfen gewährten, die nicht in den Statuten für Geburten, Todesfälle u. dgl. vorgesehen waren.

Allgemein brauchbare Rezepte zur Aufrechterhaltung guter Arbeitsverhältnisse gibt es nicht; es ist dies eine Sache der Persönlichkeit und einer eigenen Begabung, mit Arbeitern umzugehen. Die Aufrechterhaltung der Arbeitsdisziplin zwingt dazu, an Arbeiter nur in Notfällen direkte Aufträge zu erteilen. Im allgemeinen sollen ja die Leute ihre Anweisungen durch ihre direkten Vorgesetzten erhalten. Anderseits schätzen Arbeiter nichts sosehr, als wenn sie ein Werksleiter, auch in größeren Betrieben, persönlich kennt und für sie nicht nur auf dem Wege über die Betriebsleitung und die Personalvertretung erreichbar ist. Am meisten kann man für die Arbeitswilligkeit seiner Belegschaft auf dem Wege über eine vernünftige Lohnpolitik erreichen. Die Zeiten, wo die Löhne zwischen dem Unternehmer und dem Arbeiter individuell ausgehandelt wurden, sind ja vorbei, und man kann wohl auch vom Unternehmer-Standpunkt sagen, glücklicherweise vorbei. Trotzdem sehen die Kollektivverträge immer noch die Möglichkeit vor, besondere Leistungen zu prämiieren. Akkorde sind ja in der chemischen Industrie im allgemeinen nicht verwendbar und wären auch letzten Endes ungerecht, weil Leistungssteigerungen meist durch Verbesserungen des Verfahrens und Modernisierung der Apparaturen u. dgl. erreicht werden und nicht durch größere Arbeitsleistung der Belegschaft. Nur in den Nebenbetrieben chemischer Fabriken, z. B. im Packraum, bei der Emballagenerzeugung usw., haben sich Akkorde bewährt. Hingegen konnte der Verfasser wiederholt das System niedriger Grundlöhne und hoher Produktionsprämien mit Erfolg zur Anwendung bringen. So wurden z. B. in einer Zinkweißfabrik im Laufe einer mehrjährigen Entwicklungsperiode die Arbeiter ganz richtig am Ertrag beteiligt. Im Anfang richtete sich die Höhe der Produktionsprämien nur nach der Erzeugung, um das Hinüberziehen des mühsamen Chargenwechsels von einer Schicht zur anderen zu vermeiden. Als dann die Leute begannen, im Interesse quantitativer Höchstausbringung das Bad nicht mehr auszudestillieren und die Zinkausbeuten zurückgingen, wurden Höchstsätze für den Zinkgehalt der Retortenrückstände festgelegt und bei deren Überschreitung die Prämien gekürzt. Mit der Zeit wurde eine ganze Reihe anderer Merkmale in die Grundlage der Prämienberechnung einbezogen, wie z. B. die Haltbarkeit der Retorten, deren Lebensdauer weitgehend von der Bedienung abhing. Die Abrechnung am Monatsende wurde schließlich etwas kompliziert und es machte mitunter auch Mühe, sie den Arbeitern — was wichtig ist — verständlich zu machen. Trotzdem hatte das Prämiensystem vollen Erfolg. Die nicht in der Zinkweißabteilung beschäftigten Leute betrachteten es geradezu als eine Auszeichnung, zu der schwereren Arbeit und den höheren Verdiensten dieser Abteilung zugelassen zu werden. Auch in anderer Beziehung wurde das in der Zinkweißfabrikation eingeführte Prämiensystem ein voller Erfolg: Aus keiner anderen Abteilung eines größeren Werkes gingen der Betriebsleitung derart viele Anregungen aus den Kreisen der Arbeiter zu wie aus dem Zinkweißbetrieb. Die Leitung erfuhr oft erst aus den Verbesserungsvorschlägen, wo die Arbeiter der Schuh am empfindlichsten drückt. So konstruierten diese aus eigenem Antrieb einen Transportschlitten, der die schwierige und mühsame Arbeit des Retortenwechsels sehr erleichterte. Interessant war auch das Billigkeitsgefühl, das die Arbeiter bei der Handhabung des Prämiensystems zeigten. Als sie einmal reklamierten, sie seien geschädigt, weil ein Versuch mit neuen Retorten gescheitert war; die Fabrik hätte doch mit diesem Versuch Kosten ersparen wollen und die Kosten derartiger Experimente solle die Fabrik gefälligst selber tragen. Da brauchte den Unzufriedenen nur bedeutet zu werden, daß sie eben durch das Prämiensystem zu Teilhabern geworden seien; von den vielen Verbesserungen der letzten Jahre hätten sie stets Vorteile genossen und nun sei es nur recht und billig, daß sie auch die Kosten eines fehlgeschlagenen Versuchs zu einem geringen Bruchteil auf sich nähmen, worauf die Leute ohne Murren auf ihren vermeintlichen Anspruch verzichteten. Arbeiter haben eben meist ein hochentwickeltes Gerechtigkeitsgefühl. Wer es verletzt, schädigt seinen Betrieb.

In diesem Zusammenhang sei erwähnt, daß regelmäßige, aber nicht öfter als einmal im Jahr wiederkehrende Preisausschreiben für Verbesserungsvorschläge sich gut bewährt haben. Direktoren, Prokuristen und Bevollmächtigte sind von der Beteiligung auszuschließen, da von diesen erwartet werden darf, daß sie jede Idee, die dem Werk nützlich sein kann, auch ohne Aussicht auf eine Sonderbelohnung dem Unternehmen offenbaren. Interessant war es, daß bei diesen Preisausschreiben die schlechtesten Vorschläge von mittleren und kleinen Beamten stammten, während Arbeiter oft mit ganz originellen Vorschlägen sich einstellten. Dabei handelte es sich oft um Leute, denen ihre direkten Vorgesetzten eigene Ideen am wenigsten zugetraut hätten. Es waren dies vielfach sogenannte „Sinnierer“, welche einen Arbeitsvorgang bis ins letzte durchdacht hatten, denen man aber oft erst helfen mußte, das Ergebnis ihres Nachdenkens in eine verständliche Form zu kleiden.

Ich erwähnte dieses Vorschlagswesen im Zusammenhang mit dem Prämiensystem, weil es häufig vorkam, daß die Vorschläge dahin gingen, durch irgend eine Verbesserung einen Mann von einer Arbeitspartie zu ersparen, wenn man die Prämien unverändert auf die verbleibende Belegschaft aufteilen würde. Die Prä-

mien erreichten in einzelnen Betrieben bis zu 50 % der Grundlöhne, aber sie wurden gerne bezahlt, weil das Werk immer noch
seinen Vorteil dabei fand. Einen auch ziffernmäßig erfaßbaren Erfolg dieses Prämiensystems bildete die nachstehende Erfahrung.
Gerade der erwähnte Zinkweißbetrieb stand in Erfahrungsaustausch mit nach dem gleichen Verfahren arbeitenden Werken im
Ausland und es ergab sich die überraschende Tatsache, daß die
wasserpolakischen Arbeiter des nach dem Prämiensystem arbeitenden Werkes mit weniger Lohnstunden pro Tonne Erzeugnis aus-
kamen als die Fabriken, denen höchstqualifizierte Arbeiter Nord-
westdeutschlands und der Schweiz zur Verfügung standen.

Nachdem das Vorschlagswesen einige Jahre gehandhabt worden war, wurde untersucht, wie lange die Gewinner von Geldprei-
sen in ihrem Betrieb beschäftigt waren, als sie ihren preisgekrön-
ten Vorschlag machten. Hiebei ergab sich die interessante Tatsache, daß diese Vorschläge von Leuten stammten, die entweder seit
Jahren in ihrem Betrieb tätig waren, oder von solchen, die eben
erst neu in den Betrieb gekommen waren. Es ergab sich eine Schei-
dung zwischen solchen, die ihre Einsichten in jahrelanger Routine
erworben hatten, und solchen, die durch gute Beobachtungsgabe
und „hohe Reaktionsgeschwindigkeit" die Routine ersetzten. Der
letzteren Kategorie wurde oft und mit Erfolg der Nachwuchs an
Vorarbeitern und Meistern entnommen.

Schwierig ist die Durchführung des Prämiensystems bei den
Handwerkern. Hier gibt es in den meisten Fällen keinen objekti-
ven Maßstab für die Beurteilung der Leistung, sondern nur ein
mehr oder weniger subjektives Urteil, gefährlich deshalb, weil einzelne Leute es immer wieder verstehen, durch Redegewandtheit
und gefälliges Auftreten ihre direkten Vorgesetzten über ihre wirk-
lichen Leistungen zu täuschen. Und doch wäre es unbillig, die Professionisten, von deren Leistungen so viel abhängt, von den Prämien auszuschalten. Man hilft sich mitunter so, daß pauschalierte
Prämien in mehreren Stufen eingeführt werden, innerhalb derer
die Handwerker bei befriedigender Leistung Aufstiegsmöglichkeiten
finden. Die einem Betrieb ständig zugeteilten Professionisten nehmen selbstverständlich an den Produktionsprämien teil.

Kaufmännische Organisation.

Es wäre eine verlockende Aufgabe, der kaufmännischen Organisation einer chemischen Fabrik einen weiteren Raum zu widmen,

als es dem beabsichtigten Umfang dieses Buches entspricht, zumal die meisten Publikationen über Fabriksorganisation wohl mehr den Maschinenindustrien entstammen und die dort dargestellten Grundsätze auf die chemische Industrie nicht ohne weiteres übertragbar sind. Aber aus Raumgründen muß auf eine solche Erweiterung verzichtet werden. Lediglich bei der Besprechung eines allerdings nicht unwichtigen Details sei eine Ausnahme gemacht, dem Nachkalkulationswesen. Die Beschaffung der hiefür erforderlichen Unterlagen ist ja zum großen Teil Sache der Organe des Betriebes, und wenn sich die kaufmännische Leitung an anderer Stelle befindet als die technische, wird das Nachkalkulationswesen zweckmäßig ganz dem Betrieb überlassen. Gegen diese Forderung wird zwar vielfach Widerspruch erhoben. Aber andernfalls wird die Nachkalkulation zu einem Teil der Buchhaltung, und das soll sie eben nicht. Am besten wird sich allerdings diese Frage dort regeln lassen, wo technische und kaufmännische Leitung am Standort des Betriebes vereinigt sind.

Die Unterlagen, die der Betrieb der Nachkalkulation zu liefern hat, sind folgende:

1. Rohmaterialien. Die einzelnen Betriebe führen Inventarbücher, in denen Bestände am Monatsbeginn, Zugang, Verwendung und Restbestand am Monatsende ausgewiesen werden. Für diese Aufzeichnungen haben sich Bücher besser bewährt als Kartotheken, weil die Inventarbücher selbstverständlich zwischen den Betrieben und der Nachkalkulation ihren Standort wechseln;

2. Hilfsmaterialien. Der Verbrauch ergibt sich aus den Materialschecks, die die Betriebe dem Materiallager bei Ausfassungen zu übergeben haben;

3. Löhne. Auf den Lohnkarten wird schon von den Meistern vermerkt, für welches Konto eine Lohnstunde verfahren wurde. Die Lohnbuchhaltung weist wöchentlich, oder noch besser, halbmonatlich aus, wie sich die Löhne verteilen. Wo halbmonatliche Auszahlung üblich ist, vereinfacht dies die Nachkalkulation sehr, weil sich durch das Aufaddieren von nur zwei Ziffern die für ein Konto im Monat verfahrenen Löhne ergeben. Wo wöchentliche Lohnzahlungen üblich sind, hilft man sich häufig so, daß jede Woche eine approximative Anzahlung erfolgt und nur einmal monatlich die endgültige Abrechnung erfolgt;

4. Betriebsmittel (Energien). Der Dampfverbrauch wird auf Grund der Ablesungen von Dampfmessern ermittelt. Leider zeigen

fast alle Dampfmesser bei stark schwankendem Dampfverbrauch diesen nur unzuverlässig an. Man wird in vielen Fällen durch Messung des Kondenswassers zu einem genaueren Bild gelangen. Der Wasserverbrauch ist durch Wassermesser ohne weiteres feststellbar. Der Stromverbrauch wird durch Zählerablesungen festgehalten. Die Stromzähler sind so billig, daß es sich fast verlohnen würde, jeden Motor, Kleinmotoren natürlich ausgenommen, mit einem Zähler auszugestalten. Um jedoch die Ablesung zu vereinfachen, wird man die gleichzeitig laufenden Motoren einer Anlage an einen gemeinsamen Zähler hängen;

5. **R e p a r a t u r e n.** Die Reparaturen werden getrennt nach Material und Löhnen auf Grund der Werkstättenschecks ausgewiesen. Die Löhne der Werkstätten werden in gleicher Weise behandelt wie die der Betriebe. Die Materialschecks der Werkstätten erhalten gleich bei der Ausstellung eine Kontierungsnummer je nach Verwendungszweck.

Von der Summe der Teilbeträge 1 bis 5 wird als Gutschrift der Wert der Abfallprodukte, gleichfalls aus den Inventarbüchern ersichtlich, abgezogen. Die Bewertung erfolgt, da hier die größten Selbsttäuschungen möglich sind, im Einvernehmen zwischen technischer und kaufmännischer Leitung. In der Bewertung von Abfallprodukten ist auch die Möglichkeit zur Bildung von Reserven gegeben.

Die Nachkalkulation weist auch die Höhe der Produktion aus und man scheue nicht die kleine Mühe, bei jedem einzelnen Kostenanteil auch die Gestehungskosten pro kg oder, bei Massenartikeln, pro Tonne anzuführen. Auch empfiehlt es sich, die sogenannten „Umarbeitungskosten" ersichtlich zu machen, d. i. die Summe der Gehalte, Löhne, Hilfsmaterialien und Reparaturen, also der Kosten ausschließlich Rohmaterialien. Hier zeigt sich, losgelöst von den schwankenden Kosten der Rohstoffe, ob der Betrieb gut gearbeitet hat, ob er gut vorangekommen ist oder ob Rückschläge eingetreten sind. Der allmonatlichen Gewissenserforschung durch den Betriebsleiter dient zweckmäßig auch der jeweilig ausgewiesene Vergleich mit dem Vormonat sowohl hinsichtlich der Kosten als auch hinsichtlich der Ausbeuten.

Unternehmungen, die von einem Kaufmann geleitet werden, pflegen mitunter die Nachkalkulationen vor den Betriebsleitern geheim zu halten, damit diese keinen Einblick erhalten, woher die

Gewinne des Unternehmens stammen. Der Verfasser hält diesen Versuch, vor gehobenen Angestellten Dinge zu verheimlichen, die sie im Interesse ihres Dienstes wissen müssen, für ebenso aussichtslos wie naiv. Das wäre ein schlechter Betriebsleiter, der sich nicht auch ohne die Einsichtnahme in die Rohbilanzen annähernd seine Einstandskosten errechnen könnte. Im übrigen ist von der Kalkulation zur Bilanz noch ein weiter Weg. Was spielt da insbesondere in größeren Betrieben noch alles mit! Erträgnisse aus Beteiligungen, aus Meta-Geschäften, aus Lizenzen, Erlösabrechnungen aus Kartellen und Syndikaten u. dgl. m. Der Verfasser hat im Gegensatz zu den Heimlichtuern stets darauf gesehen, daß die Betriebsleiter zuerst die Nachkalkulationen in die Hand bekamen und deren Richtigkeit durch ihre Unterschrift bestätigen mußten. Dies erhöht das Verantwortungsgefühl, schützt vor Irrtümern, die mit dem Betrieb weniger vertrauten Organen der Nachkalkulation immer einmal unterlaufen können, und schult das Verständnis des Chemikers für wirtschaftliche Fragen, das ja bei jungen Fachkollegen oft bedauerlich wenig entwickelt ist. Bei der erwähnten beschränkten Mitarbeit der Betriebe an der Aufstellung der Nachkalkulationen darf die Frage, ob die Nachkalkulation den Betrieb mit mehr oder weniger Erfolg „kontrolliere“, erst gar nicht auftauchen; das richtige Verhältnis herrscht dann, wenn Betriebe und Nachkalkulation sich gegenseitig kontrollieren und einander bei der „Wahrheitsfindung“ verständnisvoll unterstützen.

Bei der Erledigung aller schriftlichen Arbeiten ist ein verständnisvoll und übersichtlich aufgebauter Kontenplan eine große Erleichterung; auch bei den Kalkulationen tritt das vielgelästerte Formular in seine Rechte, das in einem größeren Betrieb tunlichst einheitlich sein sollte, um die Vergleichbarkeit zu ermöglichen. Beispiele für beide Behelfe sind aus nachstehenden Mustern zu ersehen.

Die Nachkalkulationen sind auch eine der wichtigsten Unterlagen für die Monats-Rohbilanzen, die sich in einem gut organisierten Unternehmen von den Jahresbilanzen kaum unterscheiden. Eine alte Streitfrage ist es, ob man in den Kalkulationen und den Rohbilanzen auch die Amortisationen und die allgemeinen Geschäftsunkosten mit aufscheinen lassen soll oder nicht. Hinsichtlich der Amortisationen ist die Frage nicht allgemein zu lösen. In einem Betrieb, der nur einen einzigen Artikel oder einige wenige

Firma........................   **Monat** .... **19**......

Werk ....

Nachkalkulation

über ....

Erzeugung im Berichtsmonat .... **kg**

I. Rohmaterialien	Menge	Preis	Betrag	per kg	Im Vormonat Menge	per kg
....						
....						
....						
....						
....						
....						
II. Betriebsmittel						
Kraft .... KW-Stunden à						
Licht .... KW „ à						
Kochdampf .... t ⎫ à						
Heizdampf .... t ⎭						
Wasser .... m³ à						
Druck- und Saugluft						
III. Hilfsmaterial						
IV. Reparaturen						
Material						
Löhne						
V. Gehalte und Löhne						
Gehalte						
Löhne						
Summe						
Gutschrift für Retourmaterial						
Endsumme exkl. Amortisation						

Ausbeute: ....   Umarbeitungskosten: ....

Nachkalkulation: Betriebsleiter:

.... **19**......

Firma ....

Werk ....

Kontenplan

Bestandkonten

1. Unbebaute Grundstücke
2. Grundstücke mit Wohngebäuden
3. „ „ Fabriksgebäuden
4. Maschinen
5. Betriebseinrichtungen
6. Geschäftseinrichtungen
7. Im Bau befindliche Anlagen
8. Patente
9. Beteiligungen
10. Wertpapiere

Aufwandkonten

25. Gehalte, kaufm.
26. Reisen
27. Büroauslagen
28. Porti, Telephon, Telegramme
29. Bankspesen
30. Wohngebäudeerhaltung
31. „ versicherung
32. Vereine und Abonnements
33. Propaganda
     usw.

Fabrikationskonto

101	Betrieb	I
102	„	II
103	„	III
104	„	IV
110	„	V
110	„	VI
	usw.	

a	b	c	d	e	f	g
Rohmaterial	Löhne	Reparaturen	Hilfsmaterial	Versuche	Sonstiges	

Betriebsunkosten-Konto

201. Technische Direktion
202. „ Sekretariat
203. Laboratorien:
    A. Analytisches
    B. Versuchslaboratorium
    C. Spezial-Laboratorium I
    D. „ II
204. Baubüro
205. Maschinenbüro
206. Werkstätten (Durchlauferkonto)
207. Reisen
208. Bibliothek
209. Werksfeuerwehr
210. Versicherungen usw.

Zur Beachtung!

Versuche und Versuchsbetriebe, die im Einzelfall voraussichtlich die Kosten von S .... übersteigen, über Sonderkommissionen verrechnen! Nummern der Kommissionen im Technischen Sekretariat erfragen.

Buchungen auf andere als im Kontenplan aufgeführte Konten nur im Einvernehmen mit dem Oberbuchhalter oder dessen Stellvertreter zulässig.

erzeugt, macht es nicht viel **Mühe**, den oberwähnten **Posten 1 bis 5**
noch einen sechsten beizufügen, der die Amortisation berücksich-
tigt. In Werken aber mit einem reichen Fabrikationsprogramm,
die vielfach dieselben Maschinen für verschiedene Verwendungszwecke einsetzen, insbesondere wenn auch noch saisongemäße
Schwankungen der Erzeugungen hinzukommen, sind derartige Auf-
teilungen der Amortisationen mehr oder weniger Hausnummern.
Es empfiehlt sich dann, von einer solchen Aufteilung überhaupt
Abstand zu nehmen und in der Jahresbilanz die Summe der Amortisationen vom Rohertrag abzusetzen.

Bei den allgemeinen Geschäftsunkosten ist eine gewisse Geheimhaltung noch am ehesten gerechtfertigt und deren Einbe-
ziehung in die einem größeren Mitarbeiterkreise zugänglichen Kalkulationen eine zweischneidige Sache.

Der Verfasser hatte vor Jahren in einer chemischen Fabrik fol-
gendes Schema eingeführt:

Rohgewinn laut Fabrikationskonto, abzüglich allgemeine Unkosten, Amortisation ist gleich Reingewinn. Kaufmännischen Kreisen entstammende Mitglieder des Aufsichtsrates hatten gegen diese
Berechnung den Einwand erhoben, die Amortisation gehöre genau
so zu den Gestehungskosten wie etwa Rohstoffe und Löhne. Man
gerate in die Gefahr, zu billig zu verkaufen, wenn man sich dieses
Kostenanteils nicht ständig bewußt sei. Der Verfasser entgegnete,
wir trieben hier keine theoretische Nationalökonomie, sondern wir
wollten Geschäfte machen. Wir verkauften zu den höchsten erziel-
baren Preisen, und wenn diese manchmal bei Exportgeschäften die
Amortisationen nicht deckten, so sei doch die Frage erlaubt, wer
denn eigentlich die Amortisation bezahle, wenn wir Geschäfte aus-
ließen, bei denen wir doch wenigstens einen Teil der allgemeinen
Unkosten und der Amortisation verdienten. Diese Frage blieb ohne
Antwort und es blieb bei unseren angeblich unvollständigen Kalkulationen zum Segen der Beschäftigung des Werkes und des Ertrages.

Eine andere Schwierigkeit, wenn auch nicht grundsätzlicher
Art, ergab sich auch bei der Aufteilung der Gehalte, und zwar insbesondere jener der Betriebsleiter und der Meister. Auch hier ist
die Aufteilung insbesondere bei wechselndem Fabrikationsprogramm eine mehr oder weniger willkürliche. Am nächsten kommt
man dann der Wirklichkeit noch, wenn man die Summe der Gehalte für die erwähnte Beamtenkategorie für ein paar Monate ver-

teilt und anteilig zuschlägt, und zwar nicht nach den Löhnen, sondern nach der Summe der übrigen Gestehungskosten. Es wird hiedurch vermieden, daß sehr hochwertige Erzeugnisse, wie etwa Silbersalze, bei der Gehalteverteilung zu gut wegkommen, weil bei solchen Präparaten der Chemiker selbst mit Hand anlegt und die Löhne sich mitunter auf die einer weiblichen Hilfskraft beschränken.

Unter den Fabrikationsunkosten werden zusammengefaßt:

1. der Gehalt des technischen Direktors, der Bau- und Maschinenbeamten, schließlich die Kosten des technischen Sekretariats,

2. Werkstätten, soweit sie für ihre Leistungen noch nicht erkannt sind (Durchlauferpost),

3. Hof- und Gleiserhaltung,

4. Gebäudeerhaltung,

5. Laboratorien und Versuche.

Die sozialen Lasten, gleichviel ob es sich um gesetzliche oder freiwillige handelt, werden durch einen regelmäßig ermittelten Zuschlag auf die Löhne ausgedrückt.

Selbstverständlich kann es bei vielen Einzelposten fraglich sein, ob es sich um Fabrikations- oder um allgemeine Unkosten handelt. Es empfiehlt sich aber, das bestehende Schema nur dann zu ändern, wenn offenkundige Unrichtigkeiten vorliegen. Wegen terminologischer Spitzfindigkeiten sollte man von einem bewährten Schema nicht abweichen, weil sonst die Vergleichbarkeit zweier Zeitperioden leidet.

Die Anlagekosten von Neubauten werden zunächst auf sogenannten „Baukommissionen" gesammelt, und zwar getrennt nach Hochbauten, Fundamenten und Kanalisation, nach Maschinen, nach Einrichtungen und Montage. Die gesammelten Kosten werden dann auf Gebäude-, Maschinen- bzw. Einrichtungskonti übertragen. Sobald eine Baukommission abgeschlossen ist, was die Direktion verfügt und wovon die betreffende Betriebsleistung, das Baubüro, die Materialverwaltung und die Buchhaltung durch Rundschreiben verständigt werden, dürfen Buchungen auf der Kommission nicht mehr erfolgen. Diese Maßnahme hat sich als notwendig erwiesen, weil andernfalls übertüchtige Betriebsleiter dazu neigen, Kinderkrankheiten bei der Inbetriebsetzung über Baukommissionen verschwinden zu lassen. Aus dem gleichen Grund ist auch eine laufende Kontrolle des eventuellen Kontos „Patente und Verfahren" notwendig. In einer mitteldeutschen chemischen Fabrik kam es vor, daß der gutgläubige Direktor, der gleichzeitig Großaktionär seines Betriebes war, so lange die Kosten fehlgeschlagener Versuche auf einem Verfahrenskonto aufbuchen ließ, bis er am Ende nichts mehr besaß als eine bildschöne Bilanz und Schulden. Das Ende war ein schmählicher Zusammenbruch eines einst gesund gewesenen Werkes.

Im Zusammenhang mit Kalkulations- und Bilanzfragen noch ein Wort über Statistik. Größere Werke pflegen eigene statistische Büros zu schaffen, die angeblich jede ihnen gestellte Frage auf Anruf sofort beantworten können. Wo dies, außer in der Einbildung des Chefs der betreffenden Abteilung, wirklich der Fall ist, beweist das nur, daß das statistische Büro hypertrophiert ist und wahrscheinlich jahraus, jahrein Statistiken produziert, die nie ein Mensch ansieht. Nicht jenes statistische Büro ist das beste, das alle Fälle im voraus bearbeitet auf Lager hält, sondern jenes, das seine Unterlagen so in Ordnung hält, daß es jede gewünschte Ziffer nach kurzer Rechnerei — ob mit Hollerithkarten oder mit der Rechenmaschine — in angemessener Zeit zu liefern vermag. Periodische Statistiken sollten der Direktion nur über Produktion, Verkauf, eventuell nach Ländern getrennt, Selbstkosten, Arbeiterstand und ähnliche grundsätzlich wichtige Daten vorgelegt werden.

Die Forschung.

Ganz ohne eigene Forschungsarbeit ist ein chemischer Betrieb kaum denkbar. Selbst eine Fabrik, die nur einen einzelnen Artikel erzeugt, wird, wenn sie nicht hinter der Konkurrenz zurückbleiben will, doch den Fabrikationsprozeß ununterbrochen zu verbessern suchen und nach neuen Verfahren Ausschau halten. Bald gilt es, einen Rohstoff durch einen billigeren auszutauschen, bald ist der Fabrikationsprozeß durch Verbesserung des Verfahrens zu rationalisieren, bald wieder ist es ein neuer Werkstoff für eine Apparatur, der Anlaß für einen Fortschritt gibt. Je vielseitiger das Fabrikationsprogramm eines Werkes ist, desto weitere Ziele wird es sich zu stecken haben, desto schwieriger wird aber auch die Entscheidung sein, inwieweit man die Forschungsarbeit zur Gänze im eigenen Betrieb vornimmt oder ob man sie auswärtigen Mitarbeitern an Hochschulen und Forschungsinstituten übertragen soll. Namentlich die Wahl von praktisch tätigen Hochschullehrern als auswärtige Mitarbeiter wird sich im allgemeinen billiger stellen, da ja dann bis zu einem gewissen Grad der Staat die Arbeit bezahlt. Daß dieser **Weg der billigere ist,** sagt allerdings noch nicht, daß er auch immer der empfehlenswertere ist. Schneller wird **man,** wenn man über entsprechend geschulte Mitarbeiter verfügt, im eigenen Werk zurechtkommen, zumal ja an Hochschulen die Ferien meist zu einer Unterbrechung oder doch zu einer Verlangsamung der für die Industrie übernommenen Arbeiten führen. Hingegen kann der Verfasser dem oft gehörten Argument nicht beistimmen, man solle seine Forschungsarbeiten nur im eigenen Haus betreiben, weil sonst allzuviel Außenstehende Einblick in das Geplante bekämen. Der Geheimnistuerei hat der Verfasser immer wieder einen Ausspruch seines alten Lehrers **H e m p e l** entgegengehalten:

„Die chinesische Mauer um eine Fabrik hat noch nie dauernd verhindert, daß die eigene Weisheit herauskommt, wohl aber, daß fremde Weisheit hereinkommt.“

In der Tat sieht man nur allzuoft, daß Betriebe, die sich besonders ängstlich gegen den Zutritt von Besuchern sträuben, meist nicht besser eingerichtet sind als andere Fabriken der gleichen Branche, sondern eher schlechter. Anfänglich wird die Geheimnistuerei aus gesteigertem Selbstgefühl getrieben, weil man glaubt, jedem anderen weiß Gott wie weit überlegen zu sein, und enden wird es damit, daß man das Werk nicht mehr zeigt — aus Schamgefühl.

Der Zeitaufwand, den man fremden Besuchern opfert, wird sich meist dadurch verlohnen, daß man durch die gestellten Fragen lernt; tragen doch die Besucher keine oder a n d e r e Betriebsscheuklappen. Es ist darum auch in Amerika vielfach üblich, Fachleuten, die auf demselben Gebiet tätig sind wie die besuchte Fabrik, bevorzugt den Zutritt zu ermöglichen, während es in Europa immer noch für weise gilt, engere Branche-Kollegen von der Besichtigung eines Werkes ausdrücklich auszuschließen.

Auch die vielen Besuche der „reisenden Oberingenieure“ der Maschinen- und Apparatebaufabriken sollten nie als eine Behelligung aufgefaßt werden, sondern als das, was sie sind, eine dauernde Anregung, oft noch wertvoller als eine Achema.

Nach dieser Abschweifung sei auf das chemische Forschungswesen zurückgekommen. Eine der wichtigsten Aufgaben der Werksleitung ist, die Laboratorien personell und materiell auf gleicher Höhe zu halten. Es nützt zwar nichts, ein Laboratorium munifizent mit den modernsten und teuersten Apparaturen auszustatten, wenn

der Laboratoriumsvorstand ein kleiner Geist ist, der keine „Linie"
hat und seine kostbaren Apparate höchstens zu geistlosen Tabellenarbeiten verwendet, aber noch trostloser ist das Bild, wenn ein
begabter Chemiker sich ohne ein richtiges Handwerkzeug herum-
quält, entscheidende Versuche wegen des Mangels eines notwendigen Instrumentes unterlassen muß oder gar mangels geschulter
Hilfskräfte mit dem Bohren von Korken und dem Biegen von
Glasröhren seine Zeit vergeudet. Die Ausbildung der Laboratori-
ums-Hilfskräfte (Laboranten) erfolgt am besten im eigenen Betriebe. Jüngere Hilfsarbeiter, die durch Anstelligkeit und gute
Beobachtungsgabe aufgefallen sind, werden versuchsweise den
Laboratorien zugeteilt und erlernen, wenn sie überhaupt brauchbar sind, meist rasch das Wägen, das Titrieren und so viel vom
Rechnen als sie brauchen. Weniger gute Erfahrungen hat der Ver-
fasser mit den sogenannten „Chemikanten" und den Absolventen
und Absolventinnen von ähnlichen Schnellsiederkursen gemacht.
Sie sind meist geneigt, ihr Wissen und Können zu überschätzen.
Dieses Urteil bezieht sich natürlich nicht auf die Absolventen der
Höheren Staatsgewerbeschulen, die den Fabriken oft guten, manchmal ausgezeichneten Nachwuchs liefern.

Für die Beschäftigung der Laboranten gibt es zwei Systeme:
Es wird entweder, namentlich in Forschungslaboratorien, jedem
Chemiker „sein" Laborant zugeteilt oder die Laboranten werden
auf spezielle Arbeiten, wie Wägen, Titrieren, Entwickeln und Ver-
größern photographischer Arbeiten u. dgl., geschult und leisten
Gemeinschaftsarbeit. Jedes dieser Systeme hat seine Vor- und
Nachteile. Zweifellos läßt sich aus den hochspezialisierten Hilfs-
kräften mehr an Arbeitsleistung herausholen, aber um so schwieriger wird die Organisation des Laboratoriums, wenn verhindert
werden soll, daß Leute umsonst herumstehen, um auf ihre Spezial-
arbeit zu warten. Diese Organisation wird leichter in einem analytischen Laboratorium durchzuführen sein als in einem Versuchslaboratorium, weil ja im ersteren Fall die Zahl der täglich am laufenden Band auszuführenden Analysen im voraus bekannt ist. Die
Einförmigkeit der Arbeit spezialisierter Laboranten, die oft zu rasche-
rer Ermüdung führt, muß in Kauf genommen werden; ist sie doch
die Schattenseite der ganzen letzten industriellen Entwicklung. Teilweise wird man dadurch Abhilfe schaffen können, daß jeder Laborant auf mindestens zwei Spezialarbeiten eingeschult wird, schon

um gegenseitige Vertretung im Falle der Erkrankung oder Beurlaubung zu ermöglichen. In größeren Laboratorien wird sich eine Kombination beider Systeme empfehlen, indem jeder Chemiker seinen Laboranten erhält, aber außerdem Spezial-Hilfskräfte für die sich nicht laufend wiederholenden Arbeiten, wie Verbrennungen, Stickstoffbestimmungen, Photoarbeiten, Nährbodenbereitung, Bedienung von Rostschutzprüfgeräten und ähnliche Arbeiten, eingesetzt sind.

Jede chemische Forschungsarbeit hat mit einer eingehenden Literatur-Recherche zu beginnen. Dies ist zwar ein Gemeinplatz oder sollte es wenigstens sein, aber man sollte es gar nicht für möglich halten, wieviel Forschungsarbeit jahraus, jahrein auf Dinge verwendet wird, die längst irgendwo publiziert sind. Die Vorprüfer aller Patentämter der Welt wissen ein Lied davon zu singen, wieviel alljährlich an Patenten angemeldet wird, das schon bei flüchtiger Vorprüfung als neu nicht anerkannt werden kann, obwohl es sich durchaus nicht immer um Laienanmeldungen handelt oder um Anmeldungen solcher, einem alten Vorprüfer meist schon bekannter Firmen, die auf dem Standpunkt stehen, eine Patentanmeldung sei die billigste Vorprüfung! An den Bibliotheken chemischer Fabriken wird oft an unrichtiger Stelle gespart. So manche mittelgroße chemische Fabrik ist schon sehr stolz, wenn sie außer dem Ullmann noch ein chemisches Zentralblatt besitzt. Das Zentralblatt ist aber nicht dazu da, anderweitige Publikationen zu ersetzen, sondern es soll nur die Nachsuche erleichtern, und man versäume es nie, von schwer zugänglicher Literatur wenigstens Photokopien zu beschaffen. Es wird sich, wenn man an diesem Grundsatz festhält, bald eine stattliche Sammlung solcher Photokopien ergeben, die zwecklos ist, wenn nicht auch eine Stichwort-Kartothek zu dem gesamten Archiv geführt wird. Jeder in der Bibliothek dauernd oder gelegentlich Beschäftigte soll nicht nur, was selbstverständlich ist, Einblick in diese Kartothek haben, sondern auch berechtigt sein, Eintragungen in diese Kartei vorzunehmen. Sonst ergibt sich immer wieder die tragische Situation, daß ein Bibliotheksbenützer verzweifelt eine Fachzeitschrift nach der anderen durchblättert und dabei murmelt: „Ich hab doch das irgendwo gelesen." Und darum gehört jede Literaturstelle, die für einen Mitarbeiter oder dessen Kollegen interessant ist oder es voraussichtlich werden kann, sofort in das Stichwortregister eingetragen. Diese Eintragungen sind mit der Paraphe des die Vormerkung Bewirkenden

zu versehen, weil es für einen späteren Benützer der Kartei nützlich sein kann, festzustellen, wer die betreffende Aufzeichnung gemacht hat und warum.

Ein ganz schwieriges Kapitel ist die richtige Organisation des
Zeitschriftenumlaufs namentlich in einem größeren Konzern, wo
weniger gebrauchte Zeitschriften von Ort zu Ort wandern
müssen. Meist sind Chemiker, Kaufleute und Ingenieure gleich geneigt, mehr Zeitschriften bei der Bibliotheksverwaltung sozusagen
zu abonnieren, als sie zu studieren in der Lage sind. Darunter leidet die Umlaufgeschwindigkeit, und Zeitschriften, die nur in einem
Exemplar bezogen werden, können in einem größeren Konzern
leicht auch ein Jahr und mehr unterwegs sein. Es werden zwar
vielfach von der Zeitschriften-Verwaltung „Lesetermine" vorge-
schrieben, aber Dienstreisen, Erkrankungsfälle und Urlaube machen nur allzuoft die Einhaltung der vorgeschriebenen Termine
unmöglich. Ein als Pascha verschrieener Generaldirektor ließ sich
einmal ein Verzeichnis der Abonnenten vorlegen und strich uner-
bittlich alle Leser, die irgend ein weniger verbreitetes Organ zu erhalten wünschten, das nach des Paschas Ansicht für den Betreffenden entbehrlich war. Dieses System halte ich für verfehlt. Warum soll sich der Betriebsleiter einer Schwefelsäurefabrik nicht
auch für Feuerlöschwesen oder für Wasser-Reinigung interessie-
ren? Und aus privaten hobbys sind schon oft für das Werk wert-
volle Anregungen hervorgegangen. Ein anderer Weg, das übertriebene Viellesen einzuschränken, ist der, daß die Bücherei-Verwal-
tung die Zeitschriften überhaupt nicht aus der Hand gibt und die
Abonnenten lediglich verständigt, daß von der gewünschten Zeit-
schrift die Nummer soundsoviel eingegangen ist und bis zum
. . . . . in der Bibliothek zur Einsicht aufliegt. Es ist erstaunlich,
wie sehr das Lesebedürfnis vieler Mitarbeiter durch diese Maßnahme zurückgeht. Ganz große Konzerne pflegen wohl auch Nach-
richtenblätter nach Art des Zentralblattes, nur noch umfangrei-
cher, an ihre Mitarbeiter auszugeben, die zur ersten Information
über neue Literatur ausreichen und nur im Bedarfsfall durch die
Lieferung der Originalarbeit oder der Photokopien ergänzt werden.

Gleich wichtig wie die Bibliothek und die Zeitschriften-Verwaltung ist das Archiv eigener Versuchsberichte. Ob dieses in größeren Unternehmungen zentralisiert sein soll oder nicht, ist mehr
oder weniger gleichgültig. Auf jeden Fall aber sollten der obersten

Leitung komplette, und was fast noch wichtiger ist, peinlich a jour
gehaltene Verfahrensbeschreibungen zur Verfügung stehen. Verfasser ist an mehreren Stellen dieses Buches gegen eine übertriebene Geheimniskrämerei zu Felde gezogen. Eben darum muß er
sagen, daß bei den Verfahrensvorschriften die Vorsicht nicht weit
genug getrieben werden kann. Wie oft ist dadurch, daß eine Fabrikationsvorschrift in die Hände Unberufener kam, eine neue
Konkurrenz entstanden. Ein gewisser Schutz wird dadurch erreicht, daß die Vorschriften in zwei textlich voneinander unabhängigen Ausführungen angelegt werden. Die eine, gewissermaßen ein
Auszug aus der ausführlichen Niederschrift, soll sozusagen nur ein
Rezept darstellen, das, wenn es in unrechte Hände gerät, meist
nur beschränkten Schaden anrichtet, wenn ein unzuverlässiger
Mitarbeiter sich Abschriften anfertigt. Die erweiterte Verfahrensbeschreibung soll nicht nur die theoretischen Grundlagen eines Verfahrens, die bei der Bearbeitung im Laboratorium verwendete Literatur, wichtigere laboratoriumsmäßige Fehlschläge und betriebliche Kinderkrankheiten, kurz die ganze Entwicklungsgeschichte
eines Betriebes enthalten, sondern auch Hinweise auf eventuelle
noch bestehende Mängel und Vorschläge für noch nicht ausgeführte Verbesserungsversuche. Dieser „Stammakt“ eines Betriebes
wird sorgfältig verwahrt, nur auf ausdrückliche Weisung des technischen Direktors und nur gegen schriftliche Empfangsbestätigung ausgefolgt.

Im Zusammenhang mit der Frage der Wahrung der Fabrikationsgeheimnisse sei noch erwähnt, daß es vielfach üblich ist oder
wenigstens üblich war, gewisse Roh- und Hilfsstoffe unter Decknamen zu führen, deren wirkliche Bezeichnung nur einem kleinen
Personenkreis bekannt sein — sollte. In Wirklichkeit wußte sich
jeder Mitarbeiter, der Interesse an der wahren Zusammensetzung
der vielen „alpha“ und „omega“ hatte, diese zu beschaffen und die
vermeintliche Geheimhaltung wurde gar bald ein Geheimnis des
Polichinell, dafür aber eine Quelle von Fehlern und Mißverständnissen im Betrieb, in der Nachkalkulation und der Einkaufsabteilung.

Eine unendlichmal wirksamere Geheimhaltung ergibt sich in
Großbetrieben dadurch, daß der Kreis der Mitarbeiter, die um
einen Betrieb wirklich Bescheid wissen, verhältnismäßig groß ist
und das Wissen um die Details sich auf viele Köpfe verteilt. Wie

oft kommt es nicht vor, daß ein Chemiker sich um eine Stelle bewirbt und guten Glaubens versichert, er habe doch diesen oder jenen Artikel Jahre hindurch erzeugt. Wie häufig aber kann eben jener Spezialist einen neuen Betrieb gleicher Art nicht aufziehen und wird sich dessen erst bewußt, wenn die Kinderkrankheiten offenbar werden. Am häufigsten sind natürlich diese Selbsttäuschungen über den Umfang des eigenen Könnens bei Chemikern oder Ingenieuren, die aus großen und größten Betrieben stammen. Denn da hat der eine, vielleicht noch unter Zuziehung von einem halben Dutzend Spezialisten, das Verfahren ausgearbeitet, der andere die Anlage projektiert, ein Dritter die ganze Sache wärmetechnisch durchgerechnet, ein Vierter die Materialfragen bearbeitet und so fort, zum Schluß kann niemand mehr sagen, wer des Kindes Vater sei. Deshalb die häufig gemachte Erfahrung, daß die in Großbetrieben aufgewachsenen Spezialisten sich vorzüglich bewähren, wenn sie in gleich große Verhältnisse kommen, aber kläglich versagen, wenn sie sich in einem kleineren Betrieb nach der Decke strecken müssen.

Gewerblicher Rechtsschutz und Lizenzen.

Bei jedem technischen Fortschritt ist sorgfältig zu überlegen, ob man zu einer Patentanmeldung schreiten soll oder nicht. Man darf aus dem Umstand, daß mitunter Patente Millionen wert sein können, keine übersteigerten Erwartungen ableiten und vor allem soll man Patente nicht aus Prestigegründen anmelden, um der Öffentlichkeit oder dem eigenen Aufsichtsrat zu zeigen, daß in den Laboratorien eines Unternehmens nicht geschlafen wird. Unzählige Patente werden alljährlich angemeldet, bei denen die Feststellung einer Patentverletzung überhaupt nicht oder günstigstenfalls nur durch einen Zufall möglich ist. Wieder andere Patente werden vorzeitig angemeldet, um nur ja eine günstige Priorität zu erhalten, und nach einem Vierteljahr stellt sich heraus, daß der Anspruch viel zu eng gefaßt war, weil man im Augenblick der Anmeldung nur an eine unmittelbar aktuelle Anwendung gedacht hatte, dabei aber andere, vielleicht wichtigere Verwendungszwecke übersehen hatte. Die chemische Industrie hat ja ihre eigene Patent-Technik entwickelt, und das mit Recht, weil ihre Anwendungspatente schwerer gegen Patent-Eingriffe zu schützen sind als etwa Patente auf dem Gebiet der Elektrotechnik u. dgl. Anwendungspatente, wenn gut abgefaßt, sind oft überhaupt nicht zu Fall zu bringen. Wenn man nicht selbst über reiche Erfahrungen im Patentwesen verfügt oder in einem Großbetrieb über die Mitarbeit eines geschulten Patentspezialisten verfügt, wird es sich stets empfehlen, den Rat eines Patentanwalts schon vor der Anmeldung in Anspruch zu nehmen. Ergeben sich im Vorprüfungs- oder Einspruchsverfahren nachträglich Schwierigkeiten, so wird der Anwalt verständlicherweise stets geneigt sein, den Fehler schon im Anspruch zu suchen, wenn er nicht schon bei der Formulierung desselben zur Mitarbeit herangezogen war und dadurch die Mitverantwortung für den Erfolg der Anmeldung, soweit ein solcher nach der Sachlage überhaupt möglich ist, übernommen hat.

Schwierig ist es bei sogenannten Etablissementerfindungen oft, die Rechte der einzelnen, an einer Erfindung Beteiligten gegeneinander abzugrenzen. Mitunter ist ja wirklich das Unternehmen der Haupterfinder, wenn es bei einer Entwicklungsarbeit das Forschungsziel setzt, die Methoden zur Erreichung dieses Zieles angibt und schließlich so lange Geduld und Mittel einsetzt, bis das erstrebte Ziel erreicht ist. Anderseits soll natürlich der wirkliche „Erfinder", der also mehr geleistet hat als Tabellenarbeiten auszuführen, auch Anspruch auf einen Teil des materiellen Ertrages der Erfindung haben. Zunächst aus Gründen der Gerechtigkeit, aber auch im Interesse des Unternehmens, denn nichts fördert die Arbeitslust mehr, als wenn man seine erfolgreichen Mitarbeiter sozusagen zu Kompagnons macht, und nichts lähmt die Arbeitsfreude mehr als die vielfach verbreitete Anschauung, man „kriege ja doch nichts", oder gar der nicht seltene Gedanke, man müsse die Firma, der man dient, wechseln, um als freier Mann seine Ansprüche vertreten zu können. Sobald eine Anmeldung vorgenommen ist, soll in einer kommissionellen Sitzung entschieden werden, wer Erfinder bzw. der Miterfinder ist und zu welchem Anteil. Das ist nicht immer leicht zu entscheiden, aber erfahrungsgemäß doch desto leichter, je früher diese Frage angeschnitten wird. Größere Firmen pflegen diese Kommissionen halb öffentlich abzuhalten und teilen durch Anschlag mit, daß an dem und jenem Tag dort und dort über die Erfinderrechte an der Patentanmeldung . . . . entschieden werde und daß hiezu jeder eingeladen ist, der glaubt, diesbezüglich einen Anspruch vorbringen zu können. Ist einmal die Vorprüfung im Gange, so wird man immer wieder die Erfahrung machen, daß die Ansprüche an die Erfindungshöhe im allgemeinen stark zurückgegangen sind. So bequem dies bei eigenen Anmeldungen empfunden werden mag, so sehr erschwert es Einsprüche gegen fremde Anmeldungen. Der Verfasser erinnert sich an die Patentanmeldung einer Rheinischen Maschinenfabrik, wo ein Patent betreffend Naßzerkleinerung angemeldet wurde, wo allen Ernstes Schutz für ein Verfahren begehrt wurde, das darin bestehen sollte, daß in einem Vormischgefäß die feste Phase nicht in einem Zug, sondern portionenweise zugesetzt werden sollte. Der Einwand mangelnder Erfindungshöhe wurde vom Vorprüfer zurückgewiesen, weil die Erfindungshöhe ausschließlich vom Amt zu beurteilen sei. Es mußte schließlich auf den Einwand der offenkundigen Vorbenützung im Inland gegriffen werden, weil auf der Achema 1922 eine Kolloidmühle im Betrieb vorgeführt worden war und der bedienende Arbeiter selbstverständlich, schon aus Bequemlichkeit, gemäß der Patentanmeldung vorgegangen war. Dafür wurden Zeugenbeweise angeboten und das Patentamt griff begierig nach dieser „Tatfrage" und veranlaßte in drei Ländern kommissarische Einvernahmen der nominierten Zeugen! Selbstverständlich wurde auf Grund der Zeugenaussagen das angesuchte Patent versagt, aber die Frage bleibt berechtigt, ob der Grundsatz, daß nur das Patentamt berechtigt sein soll, die Erfindungshöhe zu beurteilen, sich aufrechterhalten läßt. Die letzte Entscheidung kann und soll natürlich das Amt fällen, aber es ist nicht einzusehen, warum nicht die Vorprüfungsabteilung bzw. der Beschwerdesenat über einen Einspruch wegen mangelnder Erfindungshöhe genau so entscheiden sollen wie über einen solchen wegen mangelnder Neuheit. Immer wird es Patentpiraten geben, die sich aus irgend einem Grund — und sei es nur ein Reklamegrund — auf einem bestimmten Arbeitsgebiet ein Patent erschleichen wollen. So auch die oberwähnte Maschinenfabrik. Kaum war sie mit ihrer Anmeldung durchgefallen, so hatte sie schon eine zweite Anmeldung zur Hand; diesmal sollte der technische Fortschritt darin bestehen, daß das Vormischgefäß „möglichst nahe an die Zerkleinerungsvorrichtung" herangebaut werden sollte. Der Einspruch gipfelte in der Frage, warum man denn es anders machen sollte? Eigentlich war dies auch eine Bemängelung der Erfindungshöhe, obwohl dieser Ausdruck diesmal vorsichtshalber nicht gebraucht wurde. Das Patentamt lehnte es diesmal ab, auf seiner Unfehlbarkeit in der Frage der Erfindungshöhe zu beharren, und das Patent wurde versagt. Die erwähnte Maschinenfabrik aber hatte genug und zog es vor, die Beschwerde-Instanz mit ihrer Anmeldung zu verschonen.

Interessant gestalten sich auch immer Patentstreitigkeiten, wenn es sich um das Grenzgebiet zwischen Erfindung und Entdeckung handelt. Auch hiefür ein Beispiel. Der größte chemische Konzern des Deutschen Reiches hatte trotz des Einspruches der Firma des Verfassers ein Patent auf gleichzeitige Bekämpfung von Peronospora und Oidium erhalten, gekennzeichnet durch die gleichzeitige Verwendung von Kupferkalkbrühe und kolloidalem Schwefel, trotzdem die einsprechende Firma neben neuheitsschädlicher Literatur je einen Prospekt einer deutschen und einer tschechoslowakischen Firma vorgelegt hatte, in dem es als ein Vorteil des kolloidalen Schwefels angepriesen war, daß er mit der Kupferkalkbrühe mischbar sei. In der mündlichen Verhandlung änderte die Anmelderin ihren Standpunkt und führte aus, sie bestreite das Vorbringen der einsprechenden Firma nicht, aber ihr sei es gelungen, nachzuweisen, daß das Gemisch von kolloidalem Schwefel und Kupferkalkbrühe auch eine gesteigerte Wirkung der Kupferkomponente gegen Peronospora bewirke, was mit der Wirkung des Schwefels gegen Oidium gar nichts zu tun habe. Verfasser erwiderte, er könne die Streitgegner zu dieser Beobachtung, soferne sie sich bewahrheite, nur beglückwünschen, aber es handle sich eher um eine Entdeckung als um eine Erfindung. Würde ein gegenständliches Patent erteilt, wie stelle sich die Gegnerin die Verfolgung einer Patentverletzung vor? Man müßte dann jeden Winzer, der das seit Jahren bekannte Verfahren der kombinierten Anwendung des kolloidalen Schwefels und der Kupferkalkbrühe benütze, unter Eid einvernehmen, was er eigentlich beabsichtigt habe. Wollte er die Peronosporawirkung des Kupfers steigern, dann verletze er das Patent, wollte er aber Arbeit sparen und Oidium und Peronospora gleichzeitig bekämpfen, dann verletze er das Patent nicht. Der Tatbestand einer eventuellen Patentverletzung sei so dem Bereich der erweislichen Tatsachen entrückt und in die unkontrollierte Sphäre des Seelenlebens verwiesen. Der Senat schloß sich diesen Ausführungen an.

In manchen Unternehmungen sind Wortmarken wichtiger als Patente. Verfasser möchte zwar kein Wort von dem zurücknehmen, was er in einem früheren Abschnitt als die „Flucht in die Spezialität“ bezeichnet hat, aber eine gut eingeführte Marke ist immerhin ein Kapital, das ebenso pfleglich verwaltet werden sollte wie etwa der dem Leiter einer Fabrik anvertraute Maschinenpark. Man denke an Wortmarken, wie Persil, Odol und ähnliche, in denen allerdings das Ergebnis vieljähriger Werbearbeit steckt. Eine andere Frage ist es, ob es sich heute noch lohnt, neue Wortmarken zu kreieren. Manche Werbefachleute sind in dieser Hinsicht recht skeptisch. Das gleiche gilt für Bildmarken. Der Wert des Höchster Löwen oder des Bayerkreuzes soll dadurch nicht in Frage gestellt werden, aber die Schöpfung einer neuen, wirklich distinktiven Bildmarke verlangt schon mehr als die Phantasie eines durchschnittlich begabten Reklamezeichners. Bei Wortmarken für Artikel, die ihre Abnehmer auch in mehr bäuerlichen Kreisen suchen, kommt noch dazu, daß die Verbraucher sich in der Überzahl der ihnen angebotenen Markenartikel sich schließlich nicht mehr auskennen und Verwechslungen z. B. bei Pflanzenschutz- und Schädlingsbekämpfungsmitteln an der Tagesordnung sind. Die richtige Lösung hat der rumänische Chemiekonzern Marasesti gefunden, als er bei der Aufnahme der Erzeugung von Pflanzenschutzmitteln Mühe hatte, Namen zu finden, die noch frei waren, genügend distinktiv und in rumänischer Sprache wohlklingend. Auf Rat des Verfassers wurde auf eigentliche Wortmarken verzichtet und Bezeichnungen gewählt, wie „Saatgutbeize Marasesti“, „Blattlausmittel Marasesti“ u. dgl., ein Entschluß, den die Firma nie zu bereuen hatte. Der gemeinsame Name Marasesti bewirkte, daß eines ihrer Erzeugnisse für das andere Reklame machte. Auch viel Zeit bei der Einführung eines neuen Markenartikels wurde gespart; vor allem aber blieben die in der Tschechoslowakei und Jugoslawien immer wieder vorkommenden Verwechslungen aus. Ausnahmen bestätigen zwar nicht die Regel, wie ein besonders törichtes Sprichwort sagt; Ausnahmen können eine Regel höchstens einschränken — aber trotzdem kann man sagen: die Zeit der großen Wortmarken ist vorüber.

Eine große Rolle spielen in der chemischen Industrie die Fabrikationslizenzen. Jede größere Firma wird, sei es als Lizenzgeber, sei es als Lizenznehmer, mehrere Lizenzverträge laufen haben. Historisch gesehen, ist das Lizenzwesen in erster Linie ein Kind des Ausübungszwanges, also innig mit dem Patentwesen zusammenhängend. Aber Fabrikationslizenzen werden heute längst nicht mehr nur auf Verfahren vergeben oder genommen, die unter Patentschutz stehen. Der Ausübungszwang wird ja in den meisten Staaten sehr gelinde gehandhabt bzw. er ist leicht zu umgehen.

Meist verlangt ja das Gesetz nur, daß der Erfinder oder der Inhaber des Patents seine Erfindung ausübt oder „entsprechende Anstrengungen" macht, um seine Erfindung zu verwerten. Die meisten Ankündigungen in den Fachzeitschriften, daß der Inhaber des Patentes Nr. ... Käufer oder Lizenznehmer für sein Patent sucht, sind wohl nicht sehr ernst gemeint, sondern dienen nur dem Nachweis der „Anstrengungen". Aber stärker als der Druck des Ausübungszwanges sind rein wirtschaftliche Erwägungen. Seit dem Ende des ersten Weltkrieges sind so viele neue Wirtschaftsgebiete, so viele neue Zollschranken entstanden, daß man manches an sich gute Verfahren jenseits der Grenzen des eigenen Landes überhaupt nicht mehr durch Export, sondern nur durch Lizenzen verwerten kann.

Die Entschädigung des Besitzers eines Patentes, eines Geheimverfahrens oder, ganz allgemein gesprochen, von Erfahrungen irgend welcher Art, die dem Lizenznehmer zur Verfügung gestellt werden sollen, erfolgt entweder durch eine einmalige Abstandssumme oder durch eine Umsatzabgabe oder schließlich durch eine Reingewinnbeteiligung. Auch Kombinationen dieser möglichen Entschädigungen sind üblich. Die einmalige Zahlung ist scheinbar der einfachste Weg, aber oft ist er nicht gangbar, weil zur Zeit des Vertragsabschlusses der Wert eines Verfahrens, dessen Überlassung Gegenstand der Vereinbarung sein soll, noch nicht abschätzbar ist. Die Abgabe vom Umsatz ist schon empfehlenswerter, nur muß klar definiert sein, was der Umsatz ist bzw. welche Posten der Lizenznehmer vom Fakturenerlös abziehen darf, meist Frachten, Transportversicherung, Vertreterprovisionen u. dgl. Die scheinbar gerechteste Form der Entschädigung des Lizenzgebers ist die der Reingewinnbeteiligung; in der Praxis aber erweist sie sich oft als eine Quelle von Streitigkeiten über die Höhe des Gewinnes, wenn nicht im voraus ganz genaue Vereinbarungen über die Höhe der abzusetzenden Amortisation, der anteiligen allgemeinen Unkosten, der Steuern usw. getroffen werden. Dies widerspricht wieder der immer wieder gemachten Erfahrung, daß Verträge desto kürzer sein sollen, auf je längere Frist sie abgeschlossen werden. Insbesondere in den letzten Jahrzehnten war ja die Politik erfindungsreicher als die erfahrensten Vertragsjuristen. Bald wurden neue Staatsgrenzen durch ein vereinbartes Vertragsgebiet gezogen, bald wurde das Geltungsgebiet erworbener Patentrechte durch sogenannte Maßnahmen von hoher Hand durchlöchert, überhaupt wurde so mancher Lizenzvertrag durch die sich immer mehrenden Eingriffe des Staates in die Wirtschaft unhaltbar. Ein — nicht erfundenes Beispiel: Die Fabrik A, gelegen im Lande X, hat seit Jahren einen Lizenzvertrag mit der Fabrik B, gelegen im Lande Y. Gegenstand des Lizenzvertrages ist die Erzeugung und der Vertrieb eines hochwertigen Spezialartikels; die Geschäfte gehen gut, B bekommt alljährlich steigende Lizenzen, beide Teile sind zufrieden, die persönlichen Beziehungen der beiderseitigen Direktoren und der den vereinbarten Erfahrungsaustausch pflegenden Fachleute sind ausgezeichnet, kurz keiner der beiden Teile denkt daran, an dem Vertrag das Geringste zu ändern. Da kommt ein zuwenig beschäftigter Ministerialrat im Staate X auf die gute Idee, Auslandslizenzen mit einer empfindlichen Sondersteuer zu belegen, die vom Lizenzgeber zu tragen ist. A zieht, wie er muß, diese Steuer ab und führt sie an seine Steuerbehörde ab. B protestiert, er hätte soundsoviel Prozente vom Umsatz zu erhalten, und was der X-Staat sich für Steuern ausdenkt, gehe ihn nichts an. A antwortet, er könne nur nach den Gesetzen seines Landes vorgehen, und wenn er B, wie dieser verlangt, die abgezogene Steuer vergüten würde, dann müßte er für den strittigen Betrag auch noch Schenkungssteuer bezahlen! Der Streit ist da. Beide Teile haben von ihrem Standpunkt recht. Es kommt zwar zu keinem Prozeß, aber das traditionell gute Verhältnis ist gestört und es kommt nicht mehr zu der früheren vertrauensvollen Zusammenarbeit. Die weitere Folge ist, daß bei einer notwendigen Vertragserneuerung der Vertrag, der bisher eineinhalb Seiten umfaßt hatte, auf eine stattliche Broschüre anschwillt. Weitere Folge, daß nunmehr jeder Satz zu einem Tummelplatz der beiderseitigen Juristen wird.

Aber nicht immer sind es staatliche Eingriffe, die zu Schwierigkeiten bei Lizenzverträgen führen. Viel Unheil ist schon aus Verträgen entstanden, bei denen als Dauer einer Patentlizenz beispielsweise „15 Jahre" angegeben wurde. Was geschieht nun, wenn während der Vertragsdauer die Laufdauer des Patentes auf achtzehn Jahre erhöht wird? Dann spricht der Wortlaut des Vertrages für jenen Teil, der an der Beendigung des Vertrages ein Interesse hat, und der Sinn des Vertrages kann immerhin strittig sein, wenn ein Teil behauptet, auf mehr als fünfzehn Jahre hätte er sich keinesfalls gebunden, auch wenn die Patentdauer schon bei Vertragsabschluß länger gewesen wäre. Gegen derartige Streitigkeiten können sich beide Teile schützen, wenn sie vereinbaren, daß der Vertrag auf Patentdauer abgeschlossen wird.

Es ist übrigens nur zu wünschen, daß die Laufdauer von Patenten noch weiter verlängert wird. Ist es doch ein schreiendes Unrecht, wenn man die kurze Zeit, die einem Erfinder zur Ausnützung seiner Ideen zur Verfügung steht, mit der langen Zeit vergleicht, die ein erfolgreicher Schlagerkomponist oder dessen Erben genießen. Dabei hat doch der Chemiker oder Ingenieur meist noch jahrelang während der Patentdauer in seine Erfindung weitere geistige Arbeit und Geldmittel zu investieren, ehe die Früchte reifen.

Unentbehrlich sind in einem richtig verfaßten Lizenzvertrag auch Bestimmungen darüber, was zu geschehen hat, wenn der Vertrag auch die Mitbenützung von Markenrechten vorsieht. Es kann sonst der Fall eintreten, daß ein Lizenznehmer eine Marke mit vieler Mühe und hohen Kosten eingeführt hat und der Erfolg dieser Arbeit dem Lizenzgeber nach Vertragsablauf kostenlos anheimfällt.

Bei Verträgen, wo auf dem sachlichen Arbeitsgebiet ein dauernder Erfahrungsaustausch vereinbart wird, sollte auch eine laufende Besichtigung der Anlagen des anderen Vertragspartners vorgesehen sein. Der Zweck des Erfahrungsaustausches wird meist nur dann erreicht, wenn die beiderseitigen Fachleute in andauerndem persönlichen Kontakt stehen.

Menschliche Faktoren.

Es liegt im Wesen unserer Zeit, daß vielfach das Kapital, die Maschinen und die Organisation für das wichtigste Um und Auf eines jeden Betriebes gehalten werden. Dem widerspricht die alte Erfahrung, daß oft Fabriken, ganz besonders chemische Fabriken, die schlecht gelegen, altmodisch eingerichtet und patriarchalisch geführt sind, in guten Zeiten erstaunliche Gewinne aufweisen und auch durch kritische Zeiten ohne schwere Einbußen durchkommen, während sogenannte Musterbetriebe aus den Schwierigkeiten nicht herauskommen. Der Grund für diese erstaunliche Tatsache ist meist in rein menschlichen Faktoren zu suchen. Man pflegt oft zu sagen, das wahre Genie des Leiters eines Betriebes, namentlich eines Großbetriebes oder eines Konzerns, liege weniger in seinen eigenen Kenntnissen und Erfahrungen, weil er ja doch nicht alles

selber machen könne, sondern in seiner Begabung, die richtigen
Mitarbeiter zu finden und sie an die geeignete Stelle zu setzen. Si-
cher ist an dieser Betrachtungsweise etwas Richtiges daran. Denn
am schlechtesten sind meist jene Unternehmungen geleitet, wo der
Mann an der Spitze glaubt, alles selber machen zu müssen, sich
jede kleinste Entscheidung selbst vorbehält, in täglicher vierzehn-
stündiger Fronarbeit sich aufreibt, dabei nie mit etwas fertig
wird, in ewiger Zeitnot lebt und schließlich die eigene Nervosität
auf den letzten Mitarbeiter überträgt. Ein solcher Mann ist bei
allem nutzlosen Bienenfleiß ein Krebsschaden für das ihm anvertraute Werk. Es sei hier gar nicht erst an die kleinen Geister gedacht, die in ewiger, oft unbewußter Eifersucht auf ihre Mitarbeiter leben, fürchtend, daß diese ihnen „über den Kopf wachsen" könnten; aber auch der Mann, der in übersteigertem Selbstbewußtsein
überzeugt ist, daß überall Fehler begangen werden, wo er nicht
selbst eingreift, ist ein Schädling. Denn die besten Mitarbeiter sind
nicht immer auch die lenksamsten. Ein Beamter, der etwas kann
und weiß, daß er etwas kann, wird auf die Dauer nur bei Einräumung eines bestimmten Maßes von Selbständigkeit etwas Nützliches
leisten. Aber mit der Einräumung einer gewissen Selbständigkeit
allein ist es noch nicht getan. Viele an sich tüchtige Mitarbeiter
ordnen sich gerne freiwillig ihrem Chef oder Direktor unter, sind
aber um so unverträglicher gegen Kollegen. Hier offenbart sich,
ob der Leiter des Werkes die seltene Kunst der Menschenführung
besitzt oder nicht. Es ist kein Zufall, daß in manchen Betrieben
wirklich tüchtige Spezialisten vorhanden sind und doch nichts anderes herauskommt als Mißerfolge, Eifersüchteleien und Intrigen.
Dort, wo ein Abteilungschef die eigenen Erfahrungen vor den Kollegen ängstlich geheimhält, gehört zumeist einer entlassen: der
Direktor.

Eine der unsinnigsten Verfügungen, die man mitunter in Großbetrieben findet, ist die, daß ein Chemiker über seine Aufgaben
mit einem Werkskollegen nicht sprechen und die ihm nicht unter-
stellten Laboratorien oder Betriebe nicht betreten darf. Der schon
einmal zitierte Ausspruch H e m p e l s, daß die chinesische Mauer
um einen Betrieb noch nie gehindert hat, daß eigene Weisheit
herauskommt, wohl aber, daß fremde Weisheit hereinkommt, gilt
natürlich nicht nur gegenüber der Konkurrenz, sondern noch ver-
mehrt von Betrieb zu Betrieb im eigenen Unternehmen. Regelmäßige Chemiker-Besprechungen sollten Gelegenheit geben, daß

jeder Teilnehmer auch seine Vorschläge zu den Aufgaben eines
Kollegen machen kann. Jeder, der sich einmal in eine Arbeitsrich-
tung festgebissen hat, dem wachsen früher oder später Scheuklap-
pen, und oft kommen die wertvollsten Anregungen von einem
Nicht-Spezialisten. Die menschliche Eitelkeit sorgt schon dafür,
daß in einem solchen Kreise neue Gesichtspunkte nicht zurückge-
halten werden, namentlich wenn der den Besprechungen präsidie-
rende Techniker durch gelegentliche Rückfragen dafür sorgt, daß
keine Anregung deshalb unter den Tisch fällt, weil ihr Urheber
sachlich nicht zuständig ist. Für ein im Interesse der Firma gele-
genes gutes Einvernehmen, nicht nur zwischen den Chemikern,
sondern auch zwischen den Chemikern und den Kaufleuten, kann
nur der leitende Direktor sorgen, und hier zeigt es sich, ob er eine
Persönlichkeit ist oder ein Bürokrat. Die zur Menschenführung erforderlichen Eigenschaften sind sicherlich zum großen Teil ange-
boren. Die Technik der Menschenführung ist wohl auch erlernbar,
aber hiezu braucht es so langer Erfahrungen, daß inzwischen einem
nicht von Natur aus auch in dieser Richtung begabten Manne das
ihm anvertraute Unternehmen zugrunde gehen kann.

Rezepte, wie man eine Persönlichkeit wird, lassen sich natürlich nicht angeben. Nur ein paar kleine Hinweise für den Leiter
eines Werkes seien erwähnt. Selbstverständliche Voraussetzung ist
peinlichste Gerechtigkeit. Die schärfste Kritik an einem Mitarbeiter wird meist widerspruchslos hingenommen, wenn sie sachlich
begründet ist. Aber sachlich begründet muß nicht nur Kritik, sondern jede Anordnung überhaupt sein. Mit dem sic volo, sic jubeo
erzieht man nur Beamte, aber keine Mitarbeiter. Und gar mit der
Einschränkung der freien Meinungsäußerung der Untergebenen
verstopft man sich eine der wichtigsten Informationsquellen. Ein
Mitarbeiter, der seine abweichende Absicht über eine Betriebsfrage nicht zum Ausdruck zu bringen wagt, taugt nichts. Aber nicht
nur anhören sollte man den Untergebenen, sondern ihm auch wirklich zuhören, was zweierlei ist; und dazu gehört die seltene Kunst
des Zeithabens. Der bloße Anhörer denkt oft nur darüber nach,
was er antworten und wie er der seiner Meinung nach überflüssi-
gen Zeitverschwendung ein Ende machen wird. Der Zuhörer sucht
sich in die Gedankengänge der Gegenseite hineinzuversetzen, er
sucht das Körnchen Wahrheit, das oft auch in Anregungen enthalten ist, die sich aus irgend welchen Gründen nicht zur Gänze

verwirklichen lassen. Keinem Leiter eines Werkes oder eines Konzerns bleiben Enttäuschungen mit seinen Mitarbeitern gänzlich erspart. Sei es, daß er selbst bei der Wahl seiner Untergebenen einen
Mißgriff begangen hat, sei es, daß er sich mit einem von seinem
Vorgänger übernommenen Mitarbeiter absolut nicht verstehen
kann; in einem solchen Fall ist es richtiger und letzten Endes auch
menschlicher, sich von einem Manne rechtzeitig zu trennen, der
entweder fachlich versagt hat oder sich mit seinen Kollegen nicht
recht zu stellen wußte, als den Betreffenden aus Mitleid zu halten,
aber nicht vorwärtskommen zu lassen. Der aber, der sich bewährt
hat, der soll nicht nur gut bezahlt werden, sondern auch durch allmähliche Erweiterung seines Wirkungskreises merken, daß man
mit ihm zufrieden ist.

Unternehmungen, die ihre Beamten allzuoft wechseln, fahren
meist schlecht dabei. Es kommen zwar mit jedem neuen Mitarbeiter auch neue Ideen und Anregungen und, wenn man nicht allzu
junge Kräfte wählt, auch neue Erfahrungen an die Leitung heran,
aber wichtiger ist doch, daß sich in einem ständigen Beamtenkörper eine Solidarität und eine Firmentreue herausbildet, wie sie
kaum möglich ist, wenn der Kreis der vertrauensvoll Zusammenarbeitenden durch fortwährenden Personalwechsel gestört wird.

Dort, wo eine chemische Fabrik in der Form einer Aktiengesellschaft betrieben wird — und bei größeren Firmen wird dies ja
fast immer der Fall sein, hängt viel für das Gedeihen des Werkes
von einer verständnisvollen Zusammenarbeit zwischen Aufsichtsrat und Vorstand ab. Wie die Kompetenzen dieser beiden Körperschaften abgegrenzt sind, hängt nicht zuletzt von den sehr verschiedenen gesetzlichen Bestimmungen in den einzelnen Ländern ab.
In Deutschland und Österreich war es möglich, wenn auch nicht
immer erwünscht, daß alle Macht in den Händen des Aufsichtsrates lag und der Vorstand demgegenüber zu einem Exekutivorgan
des Aufsichtsrates wurde. Den entgegengesetzten Weg schlug beispielsweise Polen ein, wo der Aufsichtsrat kaum mehr Rechte
hatte als jenes, die Vorstandsmitglieder zu ernennen und unter gewissen Voraussetzungen abzuberufen.

Kein Gesetz und keine Gesellschafts-Statuten können jedoch an
der Tatsache etwas ändern, daß praktisch die Machtverteilung zwischen Aufsichtsrat und Vorstand von der Persönlichkeit der beiderseitigen Funktjonäre abhängt. So gibt es denn Gesellschaften, in

denen eine Aufsichtsrats-Sitzung erforderlich ist, um eine neue Drehbank zu bestellen, und es gibt andere, wo der Aufsichtsrat nur einmal im Jahr zusammentritt, um Bilanz und Geschäftsbericht zu genehmigen. Dann gibt es noch das Mittelding, daß ein viel-köpfiger Aufsichtsrat zwischen den beiden Gremien noch eine In-stanz einschaltet, ein Exekutivkomitee oder einen „Delegierten des Verwaltungsrates". Das Exekutivkomitee ist überall nützlich und mitunter notwendig, wenn der Aufsichtsrat sich nicht mit der Kon-trolle begnügen, sondern einen Einfluß auf die Geschäftsführung ausüben will; hingegen ist der „Delegierte" eine sehr zweischnei-dige Einrichtung. Sind er und die Vorstandsmitglieder starke Per-sönlichkeiten, so gibt es gewöhnlich nie abreißende Konflikte. Am Platz ist der Delegierte dort, wo ein Großaktionär ein früher ihm persönlich gehöriges Unternehmen in eine Aktien-Gesellschaft um-gewandelt hat und die Geschäftsführung beibehalten will, ohne sich in ein Angestelltenverhältnis zu begeben.

Wo der Vorstand bzw. die Vorstandsmitglieder das volle Ver-trauen ihres Aufsichtsrates und ihres Präsidenten genießen, kann der Aufsichtsrat nicht zurückhaltend genug in der Ausübung sei-ner satzungsgemäßen Rechte sein. Das soll nicht heißen, daß er keinen Einblick in die laufenden Geschäfte haben soll. Durch fort-laufende, eingehende Monatsberichte sollen der Aufsichtsrat oder wenigstens die Mitglieder des Exekutiv-Komitees über die Ge-schäftsgebarung auf dem laufenden bleiben, und gewöhnlich wird der Vorstand auch durch regelmäßigen persönlichen Kontakt mit seinem Präsidenten sich der Zustimmung des letzteren zu größeren Transaktionen zu versichern haben. Jede Gängelei des Vorstandes durch den Aufsichtsrat ist schädlich und zwecklos. Welcher Werks-direktor wüßte nicht, wie man aus einer größeren Investition, die seine Vollmachten überschreitet, zwei oder drei kleinere macht, zu denen er berechtigt ist, ohne daß er bei seinem Aufsichtsrat feierlich die Genehmigung einholen müßte? Solche Unaufrichtig-keiten sind die Folgen, wenn man einem Vorstand unzureichende Vollmachten einräumt.

Eine große Rolle in der Kunst der Menschenführung spielt auch, ob der führende Mann es versteht, zu erreichen, daß seine Mitarbeiter das Gefühl haben, Mitglieder einer Familie mit gleich-gerichteten Interessen zu sein. Der Mittel, dieses Gefühl zu bewir-ken, gibt es vielerlei. Je größer eine Fabrik ist, desto mehr schätzt

der Mitarbeiter jedes Zeichen der Anteilnahme an seinem persönlichen Geschick. Bei Erfolgen geize man nicht mit Lob, bei Mißerfolgen suche man die Schuld in erster Linie bei sich selbst. Es
gibt auch Dinge, die man nicht organisieren kann, in erster Linie
den Ton, der in seiner Fabrik herrscht. Er soll ebensoweit von Ka-
meraderie wie von Unterwürfigkeit sein. Ein wundervolles Gleit-
mittel zur Verhütung schädlicher Reibungen ist oft ein Schuß
Humor. Ein streng militärischer Ton paßt nun einmal nicht in eine
Fabrik, und ein mehr oder weniger schlechter Witz wirkt am rech-
ten Ort oft mehr als die schönste Standpauke. Und wenn der Verfasser auf irgend etwas in seiner Laufbahn als Werksdirektor stolz
ist, so ist es das, daß so mancher Beamte, der seinen Urlaub im
Standort des Werkes verbrachte, freiwillig vor Ablauf seines Ur-
laubs wieder einrückte und, befragt, was ihn hiezu veranlaßt habe,
zur Antwort gab, Urlaub sei ja ganz schön, aber im Werk sei doch
„mehr Spaß".

Oft hörte der Verfasser im Industriellen-Verband klagen, daß
es keine zuverlässigen und firmentreuen Beamten mehr gäbe. Wer
so sprach, bewies nur, daß es mit seiner eigenen Leistung nicht
weit her sei. Wenn es in einer Fabrik damit genug getan wäre, daß
man möglichst vollkommene Organisationsentwürfe, Dienstanwei-
sungen und die dazugehörigen Formulare besäße, dann wäre die
Führung einer Fabrik eine höchst einfache Sache. Dann brauchte
man sich nur von einem berufsmäßigen Organisator die Fabrik
einmal einrichten zu lassen und könnte dann ruhig schlafen. Aber
um eine Fabrik mit gutem Geist zu erfüllen, braucht es eher eine
Tätigkeit, die sich schon der eines Künstlers nähert.

Die Organisation, in unserer Zeit zum Götzen geworden, ist immer nur ein notwendiges Übel. Das, was frei sich entwickeln muß,
ist die Persönlichkeit.